科普知识博览·侏罗纪时代

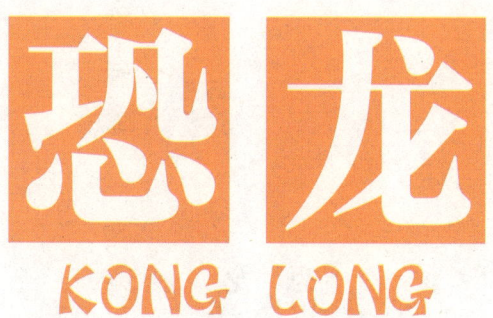

KONG LONG

王经胜 /编著

Science Book

图书在版编目（CIP）数据

恐龙 / 王经胜编著 .-- 北京：北京联合出版公司，2013.9（2022.1重印）

（科普知识博览·侏罗纪时代）

ISBN 978-7-5502-1921-2

Ⅰ.①恐… Ⅱ.①王… Ⅲ.①恐龙—普及读物 Ⅳ.① Q915.864-49

中国版本图书馆 CIP 数据核字（2013）第 216466 号

恐 龙

编　　著：王经胜
选题策划：天昊书苑
责任编辑：王　巍
封面设计：尚世视觉
版式设计：程　杰

北京联合出版公司出版
（北京市西城区德外大街83号楼9层　100088）
北京一鑫印务有限责任公司印刷　新华书店经销
字数100千字　710毫米×1092毫米　1/16　12印张
2013年10月第1版　2022年1月第3次印刷
ISBN 978-7-5502-1921-2
定价：49.80元

未经许可，不得以任何方式复制或抄袭本书部分或全部内容
版权所有，侵权必究
本书若有质量问题，请与本公司图书销售中心联系调换。

前言 Preface

青少年是我们国家的未来，是实现中华民族伟大复兴的主力军。对于青少年来说，他们正处于博学求知的黄金时期。除了认真学习课本上的知识外，他们还应该广泛吸收课外的知识。青少年所具备的科学素质和他们对待科学的态度，对他们未来的成长会有深远的影响。因此，对青少年的科普教育和普及是极为必要的，这不仅可以丰富他们的学习、增加他们的想象力和思维能力，而且可以开阔他们的眼界、提高他们的知识面和创新精神。

本套《科普知识博览》丛书属于趣味型科普丛书，这是一套专为青少年量身打造的科普读物，它向读者展示了一个生动有趣的科普世界。翻开本套丛书，你会发现：科普知识不再如课本里讲述的那样乏味枯燥，而是变得鲜活、生动起来；科普知识不再是抽象的定理和公式，而早已渗透到我们生活的方方面面。通过这些富有神秘性、趣味性的知识话题，来满足读者的求知欲与好奇心。

本套系列书为了迎合广大青少年读者的阅读兴趣，配有相应的图文解说和介绍，多元素图文并茂的编排方式，再加上简约、大方的版式设计让人赏心悦目，使本书的知识内容变得更加的鲜活亮丽。在提高青少年感观效果的阅读时，享受这科普世界无穷无尽的乐趣。

Contents 目录

科普知识博览·侏罗纪时代

第一章
恐龙的起源

什么是恐龙 …………………… 003
恐龙的分类 …………………… 005
恐龙的出现 …………………… 011
恐龙的食物 …………………… 016
恐龙的家庭 …………………… 018
恐龙的群居 …………………… 020
恐龙的粪便 …………………… 021
恐龙的冬眠 …………………… 023
恐龙的迁徙 …………………… 025

第二章
恐龙生存的地质年代

地质年代概述 ………………… 029
三叠纪时期的恐龙 …………… 042
侏罗纪时期的恐龙 …………… 047
白垩纪时期的恐龙 …………… 054

第三章
恐龙化石的发现

恐龙化石的形成过程 ………… 059
恐龙化石的埋藏与发现 ……… 061
恐龙化石的挖掘 ……………… 069
恐龙化石的复原 ……………… 072
恐龙化石的研究 ……………… 075

第四章
恐龙灭绝之谜

陨石毁灭说 …………………… 081
火山影响说 …………………… 084
彗星碰撞说 …………………… 085
植物毒性说 …………………… 086
海洋变迁说 …………………… 087
造山运动说 …………………… 087
温血动物说 …………………… 088
自相残杀说 …………………… 089

Contents 目录

科普知识博览·侏罗纪时代

食物匮乏说 …………………… 089
哺乳类犯人说 ………………… 090
种的老化说 …………………… 091
缓慢灭绝说 …………………… 092

第五章 >>>
恐龙小知识

恐龙会游泳吗？ ……………… 095
恐龙为什么要吃石头？ ……… 096
恐龙会吃人吗？ ……………… 096
哪些恐龙常单独活动？ ……… 097
恐龙是怎样进食的？ ………… 097
剑龙身上的剑板有什么
作用？ ………………………… 098
恐龙的视力怎样？ …………… 099
蜥脚类恐龙患高血压病吗？ … 100
为什么蜥脚类恐龙的肚皮
那么大？ ……………………… 101
恐龙的心脏结构是怎样的？ … 102
恐龙是怎样行走的？ ………… 102

恐龙的尾巴有什么作用？ …… 103
恐龙的牙齿是什么样的？ …… 103
恐龙的鼻孔在哪里？ ………… 104

第六章 >>>
中国恐龙之乡——四川

四川上沙溪庙组 ……………… 107
四川自贡大山铺 ……………… 118

第七章 >>>
地质年代拓展知识

寒武纪 ………………………… 127
奥陶纪 ………………………… 131
志留纪 ………………………… 139
泥盆纪 ………………………… 152
石炭纪 ………………………… 159
二叠纪 ………………………… 169
第三纪 ………………………… 174
第四纪 ………………………… 182

第一章　恐龙的起源

一直以来，人们都对恐龙怀有极大的兴趣，千方百计想弄清楚这个曾是地球上最大的生物的生存与消失之谜。不光是大人们对恐龙有难解的情结，孩子们也一样充满好奇心。好莱坞科幻大片《侏罗纪公园》为我们描绘了一个恐龙云集的壮观景象，虽然是电脑特技，但是也在一定程度上满足了人们的好奇心。科学界从来没有停止过对恐龙这一特殊物种的研究，通过发掘化石、研究复原等科技手段，科学家们已经对恐龙的生存年代和这一物种的生活习性等特点有了大概的了解，并且据此提出了很多的设想。在一代一代科学家们的不懈努力下，一条又一条的推测理论不断得到更新、推翻、补充证实，关于恐龙的理论正在日益完善，也许在不久的将来，科学家们就可以为人们完全揭开这个早已灭绝的神奇生物的神秘面纱，到时候我们就可以得知几亿年前地球的恐龙时代到底是怎样的壮观景象了。这一章，我们就带领大家一起来探讨一下恐龙的起源问题。

第一章 恐龙的起源

 ## 什么是恐龙

恐龙（Dinosaur）这个词字面上的意义是"可怕的蜥蜴"。这个词是由英国解剖学家理查欧恩爵士（1804—1892年）所创造的，用来描述不符合现今生物的化石遗骸。恐龙种类繁多，体形和习性相差也大。就体型来看，个子大的，可以有几十头大象加起来那么大；个子小的，却只有一只鸡差不多大小。就食性来说，有温顺的草食者和凶暴的肉食者，还有荤素都吃的杂食性恐龙等等。

恐龙是中生代的多样化优势脊椎动物，支配了全球陆地生态系超过1.6亿年之久。恐龙最早出现在2.45亿年前的三叠纪，灭亡于约6500万年前的白垩纪晚期所发生的白垩纪末灭绝事件。地球过去的生物，均被记录在化石之中。中生代的地层中，就曾发现许多恐龙的化石。其中可以见到大量或呈现各式各样形状的骨骼。但是，在紧接着的新生代地层（除一小部分恐龙活着并挺过了约200万年外）中，却完全看不到恐龙的化石。由此科学家们推测恐龙在中生代时就一起灭绝了。

在20世纪前半期，科学家与大众媒体都视恐龙为行动缓慢、慵懒的冷血动物。但是1970年代开始的恐龙文艺复兴，提出恐龙也许是群活跃的温血动物，并可能有社会行为。近期发现的众多恐龙与鸟类之间关系的证据，支持了恐龙是温血动物的假设。

第一章 恐龙的起源

 **恐龙的分类**

　　和今天的哺乳动物一样，不同的恐龙不仅个体差别很大，体长从不足一米到几十米，而且它们的生活方式也不尽相同：有些群居生活，有些则单独生存；有些是植食者，有些则是肉食者。1872年，H.W.西利根据恐龙腰带结构的差异，将恐龙分为两个目：蜥臀目和鸟臀目，二者的主要区别在于其腰带结构：蜥臀目恐龙的腰带从侧面看是三射型，耻骨在肠骨下方向前腹方延伸，坐骨则向后延伸，这样的结构与蜥

蜥相似；鸟臀目的腰带，肠骨前后都大大扩张，耻骨前侧有一个大的前耻骨突，伸在肠骨的下方，后侧更是大大延伸与坐骨平行伸向肠骨前下方。因此，骨盆从侧面看是四射型。不论是蜥臀目还是鸟臀目，它们的腰带都在肠骨、坐骨、耻骨之间留下了一个小孔，这个小孔在其它各个目的爬行动物中是没有的。正是这个小孔表明，与所有其它各个目的爬行动物相比，被称为恐龙的这两个目之间有着最近的亲缘关系。

蜥臀目

蜥臀目的原始类型为后足行走，而进步代表又有四足行走者。根据"肢骨结构"，结合"生活方式"，蜥臀目又分为两个亚目：兽脚亚目和蜥脚形亚目。

兽脚亚目分为三个次目：
（1）虚骨龙次目
虚骨龙次目具有轻盈灵活的躯

第一章 恐龙的起源

体,早期虚骨龙很可能是食肉类型,后期代表成杂食性,也有的是以蛋为其主食(像无牙的似鸟龙)。虚骨龙次目包括了三叠纪中晚期的"包斗龙"、侏罗纪的"西格龙"、晚三叠纪至白垩纪的"虚骨龙"和白垩纪的"似鸟龙"等科。

(2)肉食龙次目

肉食龙次目几乎全是庞大的双足行走食肉型动物,头骨高大适于捕食,因多肌肉固著,故其表面粗糙不平。肉食龙次目包含了"玻玻龙"、"巨齿龙"、"棘龙"和"霸王龙"等科。

(3)恐爪龙次目

恐爪龙次目是小到中等的兽脚类恐龙,头部不大,牙齿强烈后弯,躯体结构轻巧。本次目仅一科:"驰龙"科,生存时代是白垩纪。除亚洲外,北美也有发现。

恐龙中最大、最长的类型全在蜥脚形亚目中,四足行走和植物食性是本亚目属种的特点,当然较原始的此种亚目代表也有双足行走和杂食性者。

本亚目又分为两个超科:

(1)古脚龙超科

古脚龙超科用双足行走,属杂食性。该超科为演化不成功的一支恐龙,保留了一些原始祖先的类型特点,故在早侏罗纪末就灭绝了,中国的"禄丰龙"就是本超科典型代表。本超科共有两科:"槽齿龙"科和"板龙"科。

(2)蜥脚龙超科

蜥脚龙超科是用庞大的四足行走的恐龙,头极小,颈尾皆长,四肢粗壮。根据"牙齿构造"的不同,该超科可分为两个科群:牙齿棒状,前部尾椎为前凹形者称"棒齿蜥龙科群";牙齿勺状,前部尾椎为双平形者称"勺状蜥龙科群"。

恐龙文艺复兴

恐龙文艺复兴是个小规模的科学革命，古生物学家罗伯特·巴克在1975年的《科学美国人》杂志中首次提出恐龙文艺复兴一词，改变了恐龙的生理学理论，以及恐龙在大众文化中的形象。恐龙文艺复兴开始于20世纪60年代晚期，当时有许多新发现与研究指出：恐龙可能不是慵懒的冷血动物，而是活跃的温血动物。这假说是对20世纪前半段已被大众普遍接受的恐龙看法的大胆挑战。

在这些新理论中，最著名的是约翰·奥斯特伦姆所提出的"鸟类演化自虚骨龙类"理论，以及罗伯特·巴克的"恐龙是温血动物"的理论。巴克不断宣扬他的理论，并将他的理论比喻为19世纪晚期的恐龙温血理论的再度复兴，并在1975年的《科学美国人》杂志中首次提出恐龙文艺复兴一词。恐龙文艺复兴对于恐龙生理学理论产生了巨大的影响，几乎涵盖了所有层面，包括：生理机能、演化、行为、生态以及灭绝原因。

第一章 恐龙的起源

鸟臀目

鸟臀目的腰带为四射型结构，与鸟类相似。鸟臀目为植物食性或少量杂食性，鸟臀目共有五个亚目：鸟脚亚目、剑龙亚目、甲龙亚目、角龙亚目和肿头龙亚目。除鸟脚亚目外，其余都是四足行走动物。

（1）鸟脚亚目

该亚目全是双足行走的素食恐龙，从中三叠纪至晚白垩纪皆有代表属种。鸟脚亚目是鸟臀目中乃至整个恐龙大类中化石最多的一个类群。它们下颌骨有单独的前齿骨，牙齿仅生长在颊部，上颌牙齿齿冠向内弯曲，下颌牙齿齿冠向外弯曲。该亚目最早的代表是中晚三叠纪的"畸齿龙"科；侏罗纪、白垩纪有"棱尺龙"科，"禽龙"科和"鹦鹉嘴龙"科；最进步的为晚白垩纪"鸭嘴龙"科。

（2）剑龙亚目

该亚目为背部有各式直立骨板的恐龙，植物食性，尾部有两对骨质刺棒，前肢短于后肢，四足行走。剑龙类的最早期属种生存在晚三叠纪或早侏罗纪，至早白垩纪灭绝，是恐龙类最先灭亡的一个大类，其化石分布于亚洲、欧洲、北美及东非等地。该亚目共包含两科："剑龙"科和"腿龙"科。

（3）甲龙亚目

该亚目全是四足行走的植物食性恐龙，躯体扁平，全身披有骨质甲板，体形低矮粗壮。甲龙从中侏罗纪开始出现，在白垩纪时大发展。特别是发展到晚白垩纪时，甲龙类属种几乎遍布了北美、欧亚等世界各地。甲龙亚目共有三科："结节龙"科、"棘铠龙"科和"尘龙"科。

（4）角龙亚目

该亚目全是植物食性的四足行走的恐龙，头骨后部扩大成颈盾，

角龙",进步属种在北美发现最多,是晚白垩纪的标准化石。本亚目共有两科:"原角龙"科和"角龙"科。我国北方发现的鹦鹉嘴龙即属角龙类的祖先类型。

(5)肿头龙亚目

该亚目皆为植物食性、两足行走的小型恐龙,形态特别,突出特征是头骨肿厚成盔状,

特点是头上不同部位的角大小有差异。角龙出现的时间较晚,多数生活在白垩纪晚期,由鸟脚类演化而出,其原始类型为在亚洲发现的"原

颞孔封闭,骨盘中耻骨被坐骨排挤,不参与组成腰带。本亚目只含"肿头龙"科一科,在亚洲发现最多,其生存时代为晚白垩纪。

第一章　恐龙的起源

恐龙的出现

恐龙，作为爬行动物的一种，也是卵生，同样要经历受精产蛋的过程。不同类型的恐龙所产下的蛋的大小不同，形状也有差异，常见的有圆形的、扁形的、橄榄形的、椰圆形的……且蛋壳坚硬。有的巢内恐龙蛋堆放的方式也不相同，有的成螺旋形堆放，有的排成直线，还有的摆成圆圈，甚至有的巢内还摆放着两层恐龙蛋。

恐龙蛋生下来后，恐龙妈妈先要把搜集来的干枯的树叶及其他植物一层层地覆盖在蛋上面，通常要覆盖好几层。它们这样做一方面是为了躲开窃蛋贼的视线，另一方面则是为了保证蛋的温度，使恐龙妈妈在短时间内有机会去喝水和觅食。当然，恐龙妈妈通常不会走很远，也绝不会较长时间的离开。为了更好的守护自己正在孵蛋中的宝宝，有的恐龙会集体产蛋、孵化，甚至喝水、觅食及集体守护宝宝。

在恐龙妈妈孵出小恐龙之前，他们的孵化点周围危机四伏。首先，有许多馋嘴的家伙正盯着孵化中的蛋，比如窃蛋龙和伤齿龙。这些狡猾的恐龙经常群体行动，往往让其

侏罗纪时代——恐龙　011

洪水淹没巢穴……这些都足以扼杀掉正在孕育中的小恐龙。

从恐龙妈妈产下蛋到小恐龙出生这段时期叫做"孵化期"。一般来说，恐龙蛋的孵化期长短取决于周围温度的高低，可能是几个星期，也可能是几个月。

中的一两只先将恐龙妈妈引开，其他的则乘虚而入，肆意掠夺。此外，有些恐龙也可能从天而降把蛋掠走，因此恐龙妈妈们必须时刻小心。另一类不容忽视的危机也时刻存在，如狂风掀翻巢穴，沙暴覆盖巢穴，

人们在发现慈母龙化石时，还在它们周围发现了许多恐龙巢、恐龙蛋以及恐龙幼仔（刚刚孵化出的小恐龙）。慈母龙因此得名，它名字的含义为"好妈妈蜥蜴"。在巢中发现的慈母龙幼崽的牙齿有一点轻微

第一章 恐龙的起源

的磨损，这表示它们在突遇灾难之前已经吃过东西了。但他们的腿骨和关节还没有完全长成，这说明当时它们还不能四处走动，自己去寻找食物。慈母龙和其他恐龙巢遗址证明了恐龙是非常尽职的父母，它们照顾幼崽，给他们喂食，并且保护他们的安全。

到目前为止，还没有人能准确计算出恐龙的成长速度，它到底需要活多少年才可以成年，以及它到底能活多少年。因此，所有关于恐龙生长的速度及寿命的估算都来自于和现在爬行动物的比较。现在某些爬行动物仍然是终生都在生长，但是随着年龄的增长，他们生长的速度会逐渐减慢。所以估计同其他爬行动物一样，恐龙在幼年期生长得很快，成年后会慢一些，但也是终生都在生长，从不间断。关于恐龙的年龄，我们不能一概而论，不同种类的恐龙其寿命也往往各不相同。据估计，成年肉食恐龙，如霸王龙的年龄，从20岁到50多岁不等。巨型蜥脚类恐龙的寿命大约是50岁，有的甚至超过了100岁。同现在的爬行动物一样，恐龙的寿命与成长速度也与食物充足与否有关。食物丰富时吃得多，就长得快；食物缺少时吃得少，就长得慢一些。以恐龙整个一生计算，大型蜥脚类恐龙如腕龙的体重要增长达2000倍左右。

侏罗纪时代——恐龙

恐龙的繁殖方式

在繁殖季节,雌恐龙简直成了一个"大忙人"。

(1)恐龙的筑巢选址

快要临产了,它必须赶在产卵前把窝准备妥当。窝建在什么地方好呢?别看恐龙呆头呆脑的,但对窝址的选择却是非常讲究的。标准大致有3条,条条不能马虎:

①地势要比较高。这种地方洪水淹不着,还有利于观察敌情。

②阳光要充足。恐龙的蛋主要靠阳光的温暖来孵化,因此选个阳光充足的地方非常必要。

③土质要疏松,干燥。这种土质容易做窝,蛋也好孵化。板结的土或多石的土都要不得。许多恐龙都是过群体生活的,它们往往有固定的产卵地。恐龙喜欢长年使用同一个窝,所以它们不是年年都要建新窝的。不过如果是一只首次产卵的雌恐龙,它就得自己造个新窝了。

第一章 恐龙的起源

（2）恐龙筑巢方法

第一种方法：只是在沙土地上挖一个圆坑，巢就建好了。

第二种方法：先在地上用松软的沙土堆起一个土堆，然后在土堆中央挖一个坑，再稍加修理就完工了。建这样的巢要稍稍费点工夫。

（3）恐龙产蛋方式

恐龙筑好了窝，便可以开始下蛋了。雌恐龙把屁股对准了窝绕着圈下蛋，下完一圈之后就用土盖好，之后再下一圈，再用土盖好。最多可以下四圈蛋，也就是四层，最后用土掩盖好。这种下蛋方式在恐龙中是比较普遍的。蛋在窝里呈放射状排列，上下层蛋不重叠，以便各层蛋都能最大限度地吸收阳光的温暖。我国曾在江西发现过一窝非常完整的恐龙蛋化石，这窝蛋就是呈放射状排列的。也有些恐龙不喜欢按放射状下蛋，它们更爱把蛋排成方阵状。还有的恐龙很不讲究形式，把蛋随意往窝里一下，土一盖就万事大吉了。

恐龙的食物

处于北回归线上的云南省墨江哈尼族自治县境内遗存着大面积"恐龙食物"——桫椤。

这片桫椤林分布于距墨江县城110公里的泗南江乡。据墨江县环境保护局介绍，这片桫椤林集中成片生长着，仅胸径在10厘米以上的桫椤就有10万余株，最粗的胸径达30多厘米，是难得的天然优良中华桫椤野生种质"基因库"。目前，云南省已在此设立了桫椤自然保护区，整个保护区面积达6222公顷。

桫椤树形奇特，树干似笔筒，树叶似孔雀尾巴散开，树干富含淀

第一章 恐龙的起源

粉,是唯一能长成大树的蕨类植物,又称"树蕨"。墨江境内的桫椤有的树干高达10多米,叶片有2米多长,像一把巨型雨伞,尽展"树蕨"风采;有的树干虽仅高几十厘米,却也充满生机。

化石测年表明,桫椤起源于距今3.6亿年的古生代泥盆纪,繁盛于侏罗纪。专家介绍说,作为蕨类植物的典型代表,桫椤当时在地球上分布很广,它的茎叶中含有大量淀粉,适合当时的恐龙享用。桫椤特别喜水怕冷,但到了白垩纪,气候逐渐变得干燥和寒冷,生物进入了新的灭绝周期,桫椤这种曾在地球上盛极一时的植物也濒临绝种,仅幸存于尚保存着古代气候特征的少数热带、亚热带地区。

恐龙的家庭

恐龙的时代已经一去不复返，然而造物主为了给后人留下这一历史记忆，大自然特地为人类造就了一个恐龙家庭化石。这一恐龙家庭化石乃世间罕见、举世无双的天然奇石，是工人挖掘矿石时在矿洞中（深度50至60米处）发现的。恐龙的一家三口是围在矿洞里的一个小水塘周围贴石而生的，后经矿工细心挖凿而得。化石表现的情景也很奇特，似乎它们在相互呼唤着什么？是父母对孩子的甜蜜呼唤？还是它们对历史家族那不堪回首的呼唤？是对当今盛世中国的呼唤？还

是……具体是什么我们不得而知。其中，雄恐龙的身上有一个大大的"王"字和一幅中国地图，以及龙、凤、翠鸟、异想天开漫画图、燕子、高山流水……各式各样的图案。它的价值堪称为难得的国宝。因为：首先，历史恐龙的年代已经一去不复返；其次，它是纯天然形成；再者，这是一组难得的恐龙家庭组合，分为一雌一雄和一子；最后，它是世间罕见，举世无双的奇石。这组化石的具体数据如下：

雄恐龙：体重约25千克，长约38厘米，高约19.5厘米，宽约25厘米。

雌恐龙：体重约15千克，长约36厘米，高约16.5厘米，宽约26.5厘米。

子恐龙：体重约1.3千克，长约17厘米，高约10厘米，宽约8厘米。

恐龙的群居

同一物种的生物通常是群居在一起的,只有这样才能组成一个完整的种群,恐龙也不例外。首先,我们可以从大量的野外恐龙足迹化石证据来说明这些动物的社会性行为。这些足迹中有大型的蜥脚类恐龙的足迹,也有鸟脚类恐龙的足迹,表明它们或是一起沿着一个方向移动,或是在一个区域行走徘徊,且步态比较均匀。这一点可以说明它们是在一起生存的,这样不仅有利于种群的繁衍,更利于相互保护以抵御肉食性动物的入侵,达到集体防御的目的。此外,从恐龙骨架化石的原始埋藏情况我们可以初步推测出:大多数恐龙是群居行为。在骨架化石中,有幼年个体,也有成年个体,它们生活在一起,表明是突发事件将它们成群掩埋并保存下来的。肉食龙也是如此,虽然它们的数量相对较少,但人们也见到过成群个体保存在一起的情形。所以,肉食龙类也是通过群居强化进攻的力量,从而维持它们强者的地位的。至今已经发现群居恐龙化石的地方有:中国自贡大山铺(大量恐龙堆积)、辽西(34具鹦鹉嘴龙集体埋藏),另外在美国、加拿大也有不同类型的恐龙群居埋藏保存。

第一章 恐龙的起源

 ## 恐龙的粪便

许多生物对粪便都很厌恶，但粪甲虫却例外。它们钻入肥沃的土堆、粪团，以粪便为食，有时还将粪便贮存在地下供无粪便的日子享用。现在看来，粪甲虫这种古怪的习性已至少有 7500 万年的历史了。根据古生物学家陈卡伦的研究，在与现在的哺乳动物合伙之前，它们曾伴随恐龙漂泊闲荡。陈卡伦在蒙大拿洛基斯博物馆的"恐龙猎手"霍勒尔的实验室工作时就对粪化石产生了浓厚的兴趣。霍勒尔还告诉了她一些他认为可能是 7500 万年前的鸭嘴龙（一种群居恐龙）的粪便化石。

自贡恐龙博物馆的专家在对大山铺后山恐龙化石群进行发掘时，意外发现了一大型蜥脚类恐龙骨架化石附近有一段呈管状、约 1 米左右的"另类"化石，以及一些"结核"状的蛋状化石。他们怀疑这段"细长"的化石（包括蛋状"结核"）是某种恐龙的遗迹化石（粪便），专家们已经对"疑似恐龙粪便"化石标本进行初步研究，如果确认为恐龙粪便化石，它将成为国内首次发现的恐龙粪便化石，将对研究恐龙自身的生活习性、食物结构、肠胃功能等，以及推测和判断当时

地球上的生物链形式提供重要的佐证。目前恐龙粪便化石仅在美国、印度等国先后有出土发现，在我国却没有先例。虽然我国先后发掘出了许多恐龙化石和恐龙蛋化石，但还是第一次发现"疑似恐龙粪便"化石。

其实发现恐龙的粪便化石并不是什么稀罕事，以前便经常可以看到这方面的报道。恐龙粪便化石很有用，比如我们可以从粪便化石推测恐龙的食性：把粪便化石切片看其显微结构，如果其中含有植物碎屑，那么就可断定是植食性恐龙。植物学家还可以告诉我们恐龙吃的究竟是什么种类的植物。

印度古生物学家与植物学家在印度中部中央邦晚白垩世的拉马它层发现了一些粪便化石，该发现点曾经发现过伊希斯龙（isisaurus）等巨龙类恐龙，所以古生物学家认定这些粪便化石应该是属于这些蜥脚类恐龙的。最令人吃惊的是植物学家还在这些粪便化石中发现了菌类化石，或称蘑菇化石，而这些菌类都是生长在树上的。

化石的研究者，印度勒克瑙市贝巴莎尼古生物学院的RK.卡博士团队在印度科学期刊《当代科学》中发表了研究报告，指出该批粪便化石中含有多种菌类。而菌类植物是一个大家族，它们布满了沃土或整个森林，只是要在适宜的温度和湿度下，才能生存。所以这些化石证明了晚白垩世时印度的气候是热带与亚热带交替的气候。同时，由于这些菌类基本都是叶表面寄生的，是属于不飞散的种类。所以亚格勒博士推测，这些粪便化石表明，当时的蜥脚类恐龙应该是像现在的骆驼或长颈鹿那样移动着拉树叶过来吃的。

第一章 恐龙的起源

恐龙的冬眠

现生爬行动物,如蛇、蜥蜴等,在寒冷的冬季来临时大都停止活动,纷纷钻入地下的洞穴中,不吃不喝也不动,睡起大觉来。一般它们要一直睡到来年春暖花开时才苏醒过来,然后再出洞进行觅食活动。

爬行动物是变温动物,俗称冷血动物。它们体内的新陈代谢水平比较低,产生的热量少,加上身体表面没有像鸟类那样的羽毛、哺乳动物的毛发那样的隔热保温构造,所以它们的体温一般是不恒定的,会随着外界环境温度的改变而变化。环境温度过高或过低,都会影响它们的正常生活。只有在适宜的外界温度下,体温处于最适宜状态,它们才会反应敏捷,活泼好动,四处觅食,繁殖后代。相反,哺乳动物和鸟类属于恒温动物,它们具有完善的体温调节机制,具有高水平的

新陈代谢能力，体内能够产生较多的热量来暖和自己，并且通过身体表面的毛发，羽毛来保温，通过出汗蒸发和呼出热气等形式来散发多余的热量给自己的身体降温，从而使体温保持相当的稳定，不受外界环境冷热的影响。

进入冬季，气温慢慢降低，爬行动物的体温也随之降低，新陈代谢的速度减慢，它们只有钻入洞穴，依靠微弱的地热和极低的新陈代谢来维持生命。冬眠能使爬行动物免遭寒冷的伤害，所以这种方式是它们对恶劣的低温环境的适应。

那么，在中生代号称爬行动物之王的恐龙是否也需要冬眠呢？回答应该是否定的。我们设想一下，几米、几十米长，重几吨、几十吨的恐龙能钻入地下冬眠吗？显然是不可能的！如果说不能钻入洞穴，而是不吃不动地"睡"在地面上，在弱肉强食的大自然中，这么做无疑是自寻死路，显然也是不可取的。

有关古地理、古气候方面的资料表明，在恐龙称霸的中生代，地球上的气候比现今温暖许多，当时没有明显的四季变化，没有明显的昼夜温差，南北两极的温度也比现在高出许多，全球一片和暖。在趋于平坦的原野上，河流纵横，湖沼广布，松柏、苏铁、银杏等裸子植物覆盖着广袤的土地，一派生机勃勃的美妙景象。恐龙就是生活在这样一个温暖而又食物充足的史前环境里，没有严寒所扰，所以它们自然是无需冬眠的。

第一章 恐龙的起源

恐龙的迁徙

所谓迁徙，是指动物在自然条件发生变化，或者为满足自己生殖发育的需要，而变化栖居地区的习性。许多动物都有迁徙的习性，如某些鸟类的迁徙，鱼类的洄游，昆虫的迁徙，哺乳类的迁徙等。那么，亿万年前的恐龙也会迁徙吗？

其实有关恐龙迁徙的理论，早在1928年就有一些科学家提出来了，其后又逐渐有所发展。这一理论的依据是：自1887年以来，在加拿大阿尔伯达恐龙公园内，发现了大量距今7500万年前的恐龙化石，已清理统计出40种大约生活在同一时期的恐龙。这样多的恐龙种类共同生活在一起，并且相安无事，尤其是形态结构和生活习性都非常相似的两种鸭嘴龙——兰氏龙和盔龙也同时生活在这里，这不得不让人感到怀疑。因为它们遇到一起，必然要发生激烈的生存斗争，不可能长期生活在一起。因此科学家们认为，这些恐龙只是在有限的时间内互不干扰地作邻居，或是在一年的不同时间里分别来到该地区。换句话说，这些化石极有可能是当时这些动物在向其他目的地迁徙、或者"游牧"的过程中遗留下来的。

角龙类中的粗鼻龙化石的发现，也为恐龙的迁徙提供了佐证。1945年，第一个粗鼻龙化石发现于北纬50°的阿尔伯达省南部；1986年，在该化石点以北约720千米的地方发现了第二个粗鼻龙化石；一

侏罗纪时代——恐龙

年后,在阿拉斯加的北极圈内又发现了一个粗鼻龙的头骨。最北的化石点距离最南的化石点有3000余千米。距离如此遥远的地方,同时演化出相同的动物似乎是不可能的,只有一个可能:粗鼻龙具有迁移习性。根据对恐龙运动速度的研究,科学家们得出结论:粗鼻龙群能够在一年之内实现南、北方之间的来回迁移。

此外,有证据表明,有些恐龙还在各大陆块之间迁移。在白垩纪的部分时间里,北极是北美和亚洲之间的连接点,这样的路桥使恐龙在两大洲之间的迁移成为可能。而化石证据则能有力地支持恐龙双向迁移扩散行为的存在,因为现在已知的北美白垩纪的恐龙几乎每个科在亚洲都有其代表。例如鸭嘴龙和角龙类恐龙就主要分布在北美和东亚,说明这两个地区白垩纪晚期的恐龙群之间有着非常密切的关系。

人们在澳洲大陆和南极大陆上发现的几种恐龙化石也表现出了与欧洲、北美的一些种类间的密切关系,这也可以说明这些大陆曾经是连在一起的,也发生过恐龙的迁徙和扩散,是后来才慢慢分开的。

第二章 恐龙生存的地质年代

在恐龙生活的那个时代，人类还没有出现，所以人们对恐龙的研究只能依靠在地层中发现的化石资料来进行。在研究化石的过程中，人们需要对恐龙生存的时间进行推测，这就关系到一个很重要的概念——地质年代。科学而严谨地讲，地质年代指的是地壳上不同时期的岩石和地层（时间表述单位：宙、代、纪、世、期、阶；地层表述单位：宇、界、系、统、组、段）在形成过程中的时间（年龄）和顺序。在不同的地质年代，地球的环境和气候是什么样的，地球上出现过哪些生物，恐龙生存的时代是怎样的，它们又是怎样灭亡的……这些都是人们想要了解的问题。本章我们就来为大家简单介绍一些地质年代的相关知识。

第二章　恐龙生存的地质年代

 地质年代概述

地质年代是指地壳上不同时期的岩石和地层（时间表述单位：宙、代、纪、世、期、阶；地层表述单位：宇、界、系、统、组、段）在形成过程中的时间（年龄）和顺序。地质年代可分为绝对年龄（或同位素年龄）和相对年代两种。

绝对地质年代指通过对岩石中放射性同位素含量的测定，根据其衰变规律而计算出该岩石的年龄。绝对地质年代是以绝对的天文单位"年"来表达地质时间的方法，绝对地质年代学则可以用来确定地质事件发生、延续和结束的时间。在人类找到合适的定年方法之前，对地球的年龄和地质事件发生的时间

采用的更多的是估计的方法，如季节—气候法、沉积法、古生物法、海水含盐度法等。不同学者利用这些方法会得到的不同的结果，和地球的实际年龄也有很大差别。目前较常见也较准确的测年方法是放射性同位素法，其中主要有 U–Pb 法、钾–氩法、氩–氩法、Rb-Sr 法、Sm-Nd 法、碳法、裂变径迹法等，根据所测定地质体的情况和放射性同位素的不同半衰期选用合适的方法可以获得相对比较理想的结果。比如科学家利用放射性同位素所获得的地球上最大的岩石年龄为 45 亿年，月岩年龄 46～47 亿年，陨石年龄在 46～47 亿年之间。因此，地球的年龄应在 46 亿年以上。

相对地质年代是指岩石和地层之间的相对新老关系和它们的时代顺序。我们都知道，按地层的年龄将地球的年龄划分成一些单位，便于我们进行地球和生命演化的表述。人们还习惯于以生物的情况来划分，这样就可把整个 46 亿年划成两个大的单元，那些看不到或者很难见到生物的时代被称做隐生宙，而可看到一定量生命以后的时代则被称做显生宙。隐生宙的上限为地球的起源，其下限年代却不是一个绝对准确的数字，一般说来可推至 6 亿年

第二章　恐龙生存的地质年代

前，也有推至5.7亿年前的。从6亿或5.7亿年以后到现在就被称做是显生宙。宙的下面被划分为一些代，通常分为太古代、元古代、古生代、中生代和新生代。而古生代分为寒武纪、奥陶纪、志留纪、泥盆纪、石炭纪和二叠纪，共6个纪；中生代分为三叠纪、侏罗纪和白垩纪，共3个纪；新生代只有第三纪、第四纪两个纪。在各个不同时期的地层里，大都保存有古代动、植物的标准化石，而且各类动、植物化石出现的早晚是有一定顺序的：

越是低等的，出现得越早；越是高等的，出现得越晚。绝对年龄是根据测出的岩石中某种放射性元素及其蜕变产物的含量而计算出岩石从生成后距今的实际年数。一般来说，越是老的岩石，地层距今的年数越长。每个地质年代单位应为开始于距今多少年前，结束于距今多少年前，这样便可计算出共延续了多少年。例如，中生代始于距今2.3亿年前，止于6700万年前，延续了1.2亿年。

太古代

太古代离我们很久远，其时限约为从38亿年前至26亿年前，延续了长达12亿年的时间。太古代是具有明确地史记录的最初阶段。在这漫长的12亿年间，是地球形成后的初始期，地表到处形成童山和荒漠，由于年代久远很难寻觅到化石，人们对这一时期的生命活动知之甚少。但在20世纪后半期，科学家们

陆续在南非和澳大利亚的变质程度不太剧烈的沉积岩层中发现了叠层石,这是微生物和藻类活动的产物。此外,人们还在这些古老的岩层中分析出大量的有机化合物(如苯、烃基苯等)和环形化合物(如呋喃、甲醇、乙醛等)。在南非的一套古老沉积岩中,科学家们借助先进的精密观测仪器,发现了200多个与原核藻类非常相似的古细胞化石,这些微体化石一般为椭圆形,具有平滑的有机质膜,这是人们迄今为止发现的最古老、最原始的化石,也是在太古代地层中发现的最有说服力的生物证据。从生物界看,这是原始生命出现及生物演化的初级阶段,当时只有数量不多的原核生物,因此只留下了极少的化石记录。从非生物界看,太古宙是一个地壳薄、地热梯度陡、火山-岩浆活动强烈而频繁、岩层普遍遭受变形与变质、大气圈与水圈都缺少自由氧、形成一系列特殊沉积物的时期;这也是一个硅铝质地壳形成并不断增长的时期，是一个重要的成矿时期。

元古代

元古代的时限为自26亿年前至5.7亿年前，在这段地史中，原核生物演化为真核细胞生物，形成地史时期的菌-藻类时代。人们在这一时期的古老地层中发现过微古植物化石、宏观藻类化石及叠层石。仅在中国，古生物学家就已发现元古代不同时期的微古植物化石80余属、近200个种，可以证明生命在元古代已得到进一步繁荣，那时的地球已不再是满目荒芜了，初期地表也已出现了一些范围较广、厚度较大、相对稳定的大陆板块。因此，在岩石圈构造方面元古代比太古代显示了更为稳定的特点。另外，早元古代晚期的大气圈已含有自由氧，而且随着植物的日益繁盛与光合作用的不断加强，大气圈的含氧量继续增加。到元古代的中晚期，藻类植物已十分繁盛，明显区别于太古代。

元古代末期，大约从8.5～5.7亿年前，被命名为震旦纪，这是因为这段时间在生命演化历程中具有

第二章　恐龙生存的地质年代

承前启后的意义，并且它的命名地是在中国。

"震旦（Sinian）"意指中国，古印度就称华夏大地为"震旦"，德国地质学家首先把它用于地层学，后来许多学者都仿效使用，但含义有所不同。后来地质学家们重新定义了震旦纪，我国著名地质学家李四光等在长江三峡建立了完整的震旦纪地质剖面，即有名的峡东剖面，它向全世界提供了地层对比的依据。

震旦纪（Sinian period）是元古代最后期一个独特的地史阶段。从生物的进化看，震旦系因含有无硬壳的后生动物化石，而与不含可靠动物化石的元古界有了重要的区别；但与富含具有壳体的动物化石的寒武纪相比，震旦系所含的化石不仅种类单调、数量很少而且分布十分有限。因此，还不能利用其中的动物化石进行有效的生物地层工作。不过，在动物方面，震旦纪后期已出现了种类较多的无硬壳后生动物，末期又出现少量低等的小型具有壳体的动物，以及大量裸露的高级动物，如发现于澳大利亚的埃迪卡拉动物群；在植物方面，震旦纪的高级藻类（如红藻、褐藻类等）进一步繁盛，微体古植物已出现了一些新类型，而且叠层石在震旦纪早期趋于繁盛，后期则在数量和种类上都突然下降；再从岩石圈的构造状况来看，震旦纪时地表上已经出现了几个大型的、相对稳定的大陆板块，其上已经是典型的盖层沉积，与古生代相似。因此，震旦纪可以被认为是元古代与古生代之间的一个过渡阶段。

埃迪卡拉动物群

主要由类似水母类、蠕虫类、海鳃纲的生物所组成，多保存为印痕化石，尽管它们的形态、结构都很原始，但它们仍被认为是20世纪古生物学最重大的发现之一。这一发现使科学界摈弃了长期以来认为在寒武纪之前不可能出现后生动物化石的传统观念。所谓后生动物即是指相对于原生动物的各种多细胞动物。

古生代

古生代分为六个纪：寒武纪、奥陶纪、志留纪、泥盆纪、石炭纪、二叠纪。

（1）寒武纪是现代生物的开始阶段，是地球上现代生命开始出现、发展的时期。在寒武纪开始后的短短数百万年时间里，包括现生动物几乎所有类群祖先在内的大量多细胞生物突然出现，这一爆发式的生物演化事件被称为"寒武纪生命大爆炸"。

（2）奥陶纪距今约5.1～4.38亿年，这期间的代表生物是大量的海生无脊椎动物，如笔石、三叶虫等。"奥陶"一词由英国地质学家拉普沃思（C.Lapworth）于1879年提出，代表露出于英国阿雷尼格山脉向东穿过北威尔士的岩层，位于寒武系与志留系岩层之间。因这个地区是古奥陶部族的居住地，故名。

（3）志留纪这一名称来源于另一个威尔士古代当地民族的名称。志留纪始于距今约4.38亿年，延续了约2500万年。这一时期植物方面海生藻类和海生无脊椎动物仍然繁盛，植物从水中开始向陆地发展和有颌鱼类的出现是发生在这一时期的最

第二章 恐龙生存的地质年代

重要的生物演化事件。

（4）泥盆纪约开始于 4.1 亿年前，结束于 3.5 亿年前，持续了约 5000 万年。"泥盆"（Devon）是英国英格兰西南半岛上的一个郡名的意译（现称德文郡，Devonshire）。泥盆纪是英国地质学家塞奇威克（A.Sedgwick）和默奇森（R.I.Muchison）在研究了该郡的"老红砂岩"后，于 1839 年命名的。这个时期形成的地层称为"泥盆系"。这一时期地球上陆生植物、鱼形动物空前发展，两栖动物开始出现，无脊椎动物的成分也显著改变。

（5）石炭纪开始于距今约 3.55～2.95 亿年前，延续了约 6500 万年。石炭纪时陆地面积不断增加，陆生生物空前发展。当时气候温暖、湿润，沼泽遍布，大陆上出现了大规模的森林，给煤的形成创造了有利条件。1822 年康尼比尔和费利普斯在研究英国地质时，发现了一套稳定的含煤炭地层，这是在一个非常壮观的造煤时期形成的，因此他将这一时期命名为石炭纪。

（6）二叠纪最初命名时是在 1841 年，由默奇森根据这一时期地层处于彼尔姆州（俄乌拉尔山乌法高原）而将其命名为彼尔姆纪。后来，在德国发现这个时期的地层明显为上是白云质灰岩下是红色岩层，这就为我国后来将这一时期翻译成二

叠纪提供了依据。二叠纪约开始于2.9亿年前，结束于2.5亿年前。二叠纪早期的植物群与晚石炭世相似，以真蕨和种子蕨为主。晚期植物群有较大变化，鳞木类、芦木类、种子蕨、柯达树等趋于衰微或濒于绝灭，代之以较进化或耐旱的裸子植物，松柏类数量大为增加，苏铁类开始发展。这一时期在无脊椎动物方面，腕足类和软体动物为重要组成部分，昆虫开始迅速发展，种类增多；脊椎动物方面的重要代表为两栖动物的迷齿类和爬行动物。

中生代

中生代分为三个纪：三叠纪、侏罗纪、白垩纪。

（1）三叠纪，始于距今2.5～2.03亿年前，延续了约4500万年，1834年由阿尔别尔特命名于德国西南部，因这里有三套截然不同的地层而得名。这一时期是古生代生物群消亡后现代生物群开始形成的过渡时期，槽齿类爬行动物开始出现，并从它们发展出了最早的恐龙。三叠纪早期植物面貌多为一些耐旱的类型，随着气候由半干热、干热向温湿转变，植物趋向繁茂，

第二章 恐龙生存的地质年代

低丘缓坡则分布有和现代相似的常绿树,如松、苏铁等,而盛产于古生代的主要植物群几乎全部灭绝。

(2)侏罗纪时期始于约1亿9960万年前(误差值为60万年),结束于约1.45亿年前(误差值为400万年)。在德国与瑞士交界处有一座侏罗山,1829年前后法国古生物学家布朗尼亚尔在这里研究时发现该处有非常明显的地层特征,因此以山命名。这时期全球各地的气候都很温暖,植物延伸至从前的不毛之地,为分布广泛且数量众多的恐龙(包括最大型的陆上动物)提供了所需的食物,恐龙迅速成为地球的统治者,因此也可以说侏罗纪是恐龙的鼎盛时期。此时的海洋则由大型、会游泳的新爬行类和已具现代线条的硬骨鱼类所共享。

(3)白垩纪由法国地质学家达洛瓦于1822年创造,因为他发现英吉利海峡两岸悬崖上露出含有大量钙质的白色沉积物,而这恰恰是当时用来制作粉笔的白垩土,由此得名。白垩纪的气候相当暖和,海平面的变化很大,陆地上生存着恐龙,海洋里则生存着海生爬行动物、菊石以及厚壳蛤,新的哺乳类、鸟

起统治了地球。

新生代可划分为第三纪和第四纪，第三纪又可分为老第三纪和新第三纪。纪下面还有分级单位"世"。第三纪可划分为古新世、始新世、渐新世、中新世和上新世。古新世、始新世和渐新世合称老第三纪，老第三纪一直延续到2500万年前，那时的植被以森林为主，大地上漫步着一类巨大的食肉鸟类：不飞鸟，海洋中则以巨大的有孔虫为特征。哺乳动物中有很多现在已经灭绝的类群，旧大陆有踝节目、钝脚目、恐角目、裂齿目、肉齿目，以及奇蹄目的早期种类雷兽、古兽、跑犀和两栖犀等，新大陆则有焦兽目、

类出现，开花植物也首次出现。但白垩纪－第三纪灭绝事件是地质年代中最严重的大规模灭绝事件之一，导致包含恐龙在内的大部分物种的灭绝。

新生代

新生代约开始于6700万年前，延续至今。新生代时地球的面貌逐渐接近现代，植被带分化日趋明显，哺乳动物，鸟类，真骨鱼和昆虫一

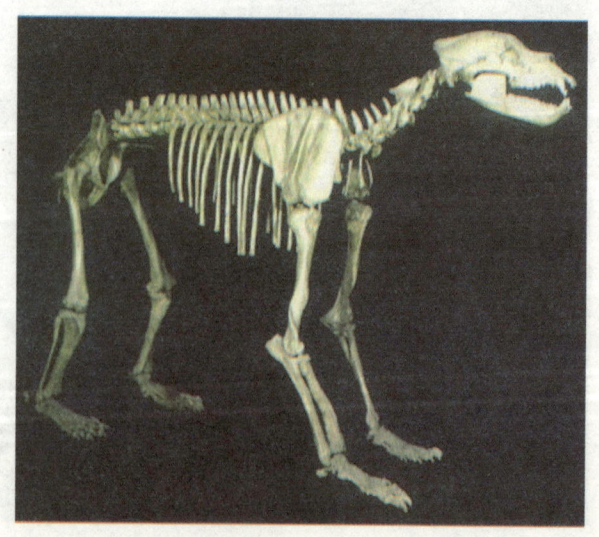

第二章 恐龙生存的地质年代

异蹄目和闪兽目等。有很多现存哺乳动物的祖先类型也可以追溯到这时,如始祖马、始祖象等。新第三纪包括中新世和上新世,当时海洋中大型的有孔虫已经灭绝,六射珊瑚大量发展,形成大型珊瑚礁。陆地上则开始出现大草原,适应以禾草为食的新型食草动物开始繁盛,大地的面貌更加接近现在。新第三纪时的动物种类是历史上最多的,各种犀牛和古象等在这时候达到全盛,森林中还有各种古猿。

第四纪可划分为更新世和全新世,开始于大约200万或300万年前,具体时间并未确定,我们现在所处的时代也是第四纪。第四纪发生了两件大事,一件是大规模的冰期,另一件是人类和现代动物的出现。更新世大约就是全球范围出现冰川作用的时期,有"冰川时代"之称,冰期和间冰期不断交替,对应气候寒冷和温暖时期的交替。没有冰川的地区,则有潮湿和干旱时期的交替,称为"洪积期"和"间洪积期",因此更新世又称"洪积世",如亚马逊广袤的热带雨林在干旱时期曾经退缩成岛状。更新世时动植物受到了巨大的影响,许多现在的动物地理和植物地理现象皆源于此,而在我国南方的动物群则一直比较稳定,大熊猫–剑齿象动物群持续了很长时间。在大约一万年前最后一次冰川消退之后,就进入了全新世,或称"冰后期",又称"冲积世"。全新世开始时人类进入农业文明时期,对自然的影响日趋扩大,进入工业文明以后,更是改变了整个地球的面貌,然而,由于人类活动造成的生物灭绝和生态系统的破坏也比以往任何时期都要严重。

新生代开始时,曾在中生代占统治地位的爬行动物大量绝灭,繁盛的裸子植物迅速衰退,为哺乳动物大发展和被子植物的极度繁盛所取代。因此,新生代又称为哺乳动物时代或被子植物时代。哺乳动物在进一步演化的过程中,为适应各种生态环境,分化出了许多门类。到第三纪后期,原始人类开始出现。原始人类起源于亚洲或非洲。

三叠纪时期的恐龙

三叠纪概述

日本首先将希腊文"Trias"译为三叠纪,后来我国地质界也沿用了这一名称。三叠纪始于距今2.5～2.03亿年前,延续了约4500万年。

三叠纪时期的地球与现今的地球截然不同,只有一块大陆,这块大陆被称为泛古陆,大致位于现在非洲所在的位置。泛古陆分为北边的劳拉西亚古陆和南边的冈瓦纳古陆。劳拉西亚古陆包括了今日的北美洲、欧洲和亚洲的大部分地区,冈瓦纳古陆则包括了现在的非洲、大洋洲、南极洲、南美洲以及亚洲的印度等部分地区。不过到三叠纪中期,泛古陆开始出现分裂的前兆,在北美洲、欧洲中部和西部、非洲的西北部均出现了裂痕。

泛古陆之外的地表上是一片一望无际的超大海洋,这个海洋横跨两万多千米,面积大小和今天的所有海洋的总面积差不多。而且由于当时地球上只有一个大陆,因此当时的海岸线比今天要短得多。三叠纪时遗留下来的近海沉积比较少,

并且大多分布在现在的西欧地区，因此三叠纪的分层主要是依靠暗礁地带的生物化石来确定的。

在古气候方面，三叠纪初期继承了二叠纪末期干旱的特点；到中、晚期之后，气候向湿热过渡。从当时地球表面的地理分布，我们可以看出当时各地的气候特点，如靠近海洋的地方自然是比较湿润而草木茂盛的，但是由于陆地的面积十分广阔，带湿气的海风根本无法进入内陆地区，大陆中部便形成了一个很大的沙漠，所以陆地上的气候相

当干燥，最终使得较耐旱的蕨类品种及不过分依赖水繁殖的针叶树逐渐在这些地区取得了竞争优势。

三叠纪早期的植物多为一些耐

早的类型,随着气候由半干热、干热向温湿转变,植物趋向繁茂,低丘缓坡则分布有和现代相似的常绿树,如松、苏铁等,而盛产于古生代的主要植物群几乎全部灭绝。裸子植物的苏铁、本内苏铁、尼尔桑、银杏及松柏类自三叠纪起迅速发展起来。其中除本内苏铁目始于三叠纪外,其他各类植物均在晚古生代就开始有了发展,但并不占重要地位。二叠纪的干燥性气候一直延续到了早、中三叠世,从中三叠世晚期,植物才开始逐渐繁盛起来。到晚三叠世时,裸子植物已然成了大陆植物真正的主要统治者。

三叠纪时,脊椎动物得到了进

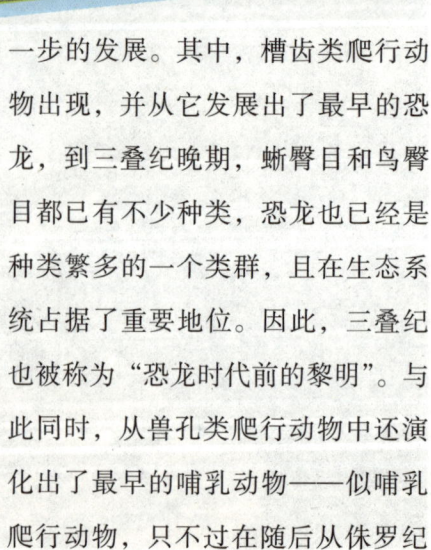

一步的发展。其中,槽齿类爬行动物出现,并从它发展出了最早的恐龙,到三叠纪晚期,蜥臀目和鸟臀目都已有不少种类,恐龙也已经是种类繁多的一个类群,且在生态系统占据了重要地位。因此,三叠纪也被称为"恐龙时代前的黎明"。与此同时,从兽孔类爬行动物中还演化出了最早的哺乳动物——似哺乳爬行动物,只不过在随后从侏罗纪

第二章 恐龙生存的地质年代

到白垩纪长达一亿多年的漫长岁月里,这批生不逢时的哺乳动物一直生活在以恐龙为首的爬行动物的阴影之下,直到新生代才成为地球的主宰。原始哺乳动物在三叠纪末期也出现了,属始兽类,不过现在我们所见到的原始哺乳动物化石大都是些牙齿和颌骨的碎片,没有完整的化石标本。

三叠纪是中生代的第一个纪,是古生代生物群消亡后现代生物群开始形成的过渡时期。在这一时期,海洋无脊椎动物类群发生了重大变化,内生、游泳的软体动物——甲壳动物群落取代了表生、固着的腕足动物——海百合群落而成为海洋中的优势群落;六射珊瑚取代了四射珊瑚,并迅速发展,遍及全球。

与古生代相比,三叠世时期的双壳类和菊石类也多属新发展的种类,其中菊石的迅速演化为划分和对比地层创造了极重要的条件,从晚二叠世幸存下来的齿菊石类在这一时期大量繁盛起来,发展到中、晚三叠世时,大部分菊石已有发达的纹饰,有许多科甚至

侏罗纪时代——恐龙　045

是三叠纪所特有的。此外，双壳类在这一时期也有了明显变化，除了从晚古生代遗留下来的极少数种类外，它们又发展出了许多新种类，并且数量繁多。尤其在晚三叠世，一些种属的结构类型变得复杂，个体也往往比较大。而且由于三叠纪的环境与古生代不同，非海相双壳类也逐渐繁盛起来。

三叠纪时期的恐龙

恐龙从三叠纪晚期到白垩纪末期一直都是地球上的霸主。一开始，在三叠纪有各种爬行类动物：会跑的，会游泳的，会掘洞的，甚至还有会飞的爬行类动物（科学家称之为槽齿动物）。在三叠纪和侏罗纪早期的动物大军中，我们能看到在这些槽齿动物中有一些槽齿动物已经开始用它们强壮的后肢行走，在它们背后抬起长长的尾巴，以便保持身体平衡，他们便成了最早的恐龙。这些恐龙中包括肉食恐龙，如交龙和腔骨龙；长颈的素食恐龙，如近龙和板龙；那些用两脚行走的素食恐龙，即那些只以后肢行走的恐龙。如韦氏龙和异齿龙。不过，它们都还只是些细小机敏的捕猎动物，与它们的槽齿类祖先并没有什么本质上的区别。

第二章 恐龙生存的地质年代

侏罗纪时期的恐龙

侏罗纪时期概述

侏罗纪距今约 1.44～2.05 亿年，被称作是爬行动物和裸子植物的时代，属于中生代中期。这一时期形成的地层称侏罗系，位于三叠系之上、白垩系之下。超级陆块盘古大陆此时才开始真正的分裂，大陆地壳上的缝生成了大西洋，非洲开始从南美洲裂开，而印度则准备向亚洲移动。

侏罗纪是恐龙的鼎盛时期，在三叠纪出现并开始发展的恐龙在这

科普知识博览
Ke Pu Zhi Shi Bo Lan

一时期迅速成为了地球的统治者，各类恐龙济济一堂，构成了一幅千姿百态的恐龙世界。陆地上主要的草食性脊椎动物有原龙脚类恐龙和鸟盘目恐龙，以及类似哺乳类的小型爬行类。到侏罗纪晚期，巨大的龙脚类恐龙占据了优势，因为它们可以同时吃到高与低处的植物。大型的兽脚类猎食草食性动物；而小型的兽脚类，如空骨龙类和细颚龙

类等则靠追捕小型猎物为食，也有的以腐肉为食。当时除了陆上的身体巨大的雷龙、梁龙等，水中的鱼龙和飞行的翼龙等也得到了极大的发展和进化。

侏罗纪的昆虫更加多样化，大约有一千种以上的昆虫生活在森林中及湖泊、沼泽附近。除原已出现的蟑螂、蜻蜓类、甲虫类外，还有蛴螬类、树虱类、蝇类和蚌虫类，而且这些昆虫绝大多数都延续生存到了现代。

在侏罗纪的植物群落中，裸子植物中的苏铁类，松柏类和银杏类极其繁盛；蕨类植物中的木贼类、真蕨类和密集的松、柏与银杏

第二章 恐龙生存的地质年代

和乔木羊齿类共同组成了茂盛的森林，草本羊齿类和其他草类则遍布低处，覆掩地面；苏铁类和羊齿类生长在比较干燥的地带，形成了广阔常绿的原野。在侏罗纪之前，地球上的植物分区比较明显，而由于迁移和演变，侏罗纪植物群的面貌在地球上各个地区的分布趋于近似，说明侏罗纪的气候大体上是相近的。

侏罗纪时期，鸟类的出现代表了脊椎动物演化进程中的又一个重要事件。1861年古生物学家在德国巴伐利亚州索伦霍芬晚侏罗纪地层中发现的"始祖鸟"化石被公认为

是最古老的鸟类代表；近年来，我国古生物学家在辽宁发现的"中华龙鸟"化石也得到了国际学术界的广泛关注，为研究羽毛的起源、鸟类的起源和演化提供了新的重要材料。伴随着鸟类的出现，脊椎动物首次占据了陆、海、空三大生态领域。

这一时期，生存在水中的伪龙

科普知识博览

类和板齿龙类都已绝种,但鱼龙却存活了下来。除此以外,这一时期的海洋生物还有生活在浅海中的一群四肢已演化成鳍形肢的海鳄类和硬骨鱼类,以及蛇颈龙和短龙。到了晚期,鱼龙和海鳄类逐渐步向衰亡。

这一时期,生物发展史上发生了一些引人注意的重要事件。如恐龙成为陆地的统治者,翼龙类和鸟类出现,哺乳动物开始发展;陆生的裸子植物发展到极盛期;淡水无脊椎动物的双壳类、腹足类、叶肢介、介形虫及昆虫迅速发展;海生的菊石、双

第二章 恐龙生存的地质年代

壳类、箭石仍为重要成员，六射珊瑚从三叠纪到侏罗纪的变化很小，而棘皮动物的海胆则自侏罗纪开始占据了重要地位。恐龙的进化类型——鸟臀类的四个主要类型中有两个繁盛于侏罗纪，飞行的爬行动物第一次滑翔于天空之中。而恐龙的另一类型——蜥臀类也有两类在侏罗纪最为繁盛：一类是食肉的恐龙，另一类是笨重的植食恐龙。

软骨硬鳞鱼类在侏罗纪已开始衰退，被全骨鱼代替。而发现于三叠纪的最早的真骨鱼类到了侏罗纪晚期才有了较大发展，数量增多，但种类较少。

侏罗纪时期的菊石较之前更为进化，主要表现在缝合线的复杂化和壳饰与壳形的日趋多样化上，可能是菊石为适应不同海洋环境及多种生活方式所致。侏罗纪的海相双壳类很丰富，非海相双壳类也迅速发展起来，它们在陆相地层的划分与对比上起了重要作用。

海相侏罗纪地层富含化石，特别是菊石类特征明显，保存完全。据此，1815年，英国的W.史密斯提出利用单位"统"来进行古生物化石划分、对比地层的见解。1842年，法国的A.C.多比尼提出比"统"更小的年代地层单位"阶"，并命名了侏罗纪的大部分阶名。1856年德国的A.奥佩尔则提出较详细的菊石带划分。从此，侏罗纪地层正式划分为3统、11阶和74菊石带：下侏罗统（里阿斯统）分为赫唐阶、辛涅缪尔阶、普林斯巴赫阶和托尔阶；中侏罗统（道格统）分为阿林阶、巴柔阶、巴通阶、卡洛阶；上侏罗统（麻姆统）分为牛津阶、基末里阶、提唐阶（伏尔加阶）、贝利阿斯阶。

侏罗纪时曾发生过一些明显的地质、生物事件，其中最大海侵事件发生于晚侏罗世基末里期，与联合古陆分裂和新海洋扩张速率增强

第二章　恐龙生存的地质年代

事件相吻合。环太平洋带的内华达运动也发生于基末里期，这可能表明联合古陆增强分裂与古太平洋板块加速俯冲事件之间存在着某种联系。自晚基末里期起，特提斯大区和北方大区的海生动物明显分开，反映了古气候分带和古地理隔离程度的加强。

这时候全球各地的气候较现代温暖和均一，但也存在热带、亚热带和温带的区别。早、中侏罗世以蒸发岩、风成沙丘为代表的干旱气候带出现于联合古陆中西部的北美南部、南美和非洲，晚侏罗世时扩展到亚洲中南部。中国南部，早侏罗世时处于热带–亚热带湿润气候环境，中晚侏罗世逐渐变为炎热干旱环境；中国北部，早、中侏罗世气候温暖潮湿，晚侏罗世温暖潮湿地区范围缩小。

白垩纪时期的恐龙

白垩纪时期概述

"白垩纪"一词由法国地质学家达洛瓦于1822年创造，指的是位于侏罗纪和古近纪之间，约1.455亿年（误差值为400万年）前至6550万年前（误差值为30万年）的这段时间。白垩纪是中生代的最后一个纪，长达8000万年，是显生宙最长的一个阶段。发生在白垩纪末的灭绝事件是中生代与新生代的分界。

白垩纪因其地层富含白垩（chalk）而得名。白垩是石灰岩的一种类型，主要由方解石组成，颗粒均匀细小，用手可以搓碎。白垩纪形成的地层叫白垩系。白垩层是一种极细而纯的粉状灰岩，是生物成因的海洋沉积，主要由一种叫

做颗石藻的钙质超微化石和浮游有孔虫化石构成，在英、法海峡两岸形成美丽的白色悬崖。白垩层不仅发育于欧洲，北美和澳大利亚西部

第二章 恐龙生存的地质年代

也有分布。

在这一时期,大陆之间被海洋分开,地球变得温暖、干旱。当时的大气层氧气含量是现今的150%,二氧化炭含量是工业时代前的6倍,气温则是比今日高出近4℃。于是,开花植物出现了,与此同时,许多新的恐龙种类也开始出现,包括像食肉牛龙这样的大型肉食性恐龙,像戟龙这样的甲龙类成员以及像赖氏龙这样的植食性鸭嘴龙类。此时,恐龙仍然统治着陆地,像飞机一样的翼龙类(如披羽蛇翼龙)在天空中滑翔,巨大的海生爬行动物(如海王龙)则统治着浅海。但最早的蛇类、蛾、蜜蜂以及许多新的小型哺乳动物也在这一时期出现了。

白垩纪是恐龙存在的最后一个地质时期。这一时期,北美与欧洲,

科普知识博览

非洲与南美洲都被远远地隔开了。由于地壳的剧烈变化,地震以及火山爆发频频出现,地球上逐渐四季分明,早期的开花植物渐渐出现,甲虫、蟋蟀、蛇、鱼、鸟等动物也都陆续繁盛起来,地球上的生命达到了整个恐龙时期的顶峰。可是就在这个时候,恐龙家族却走向了灭绝。到底是什么原因让这群统治了地球长达1.5亿年的霸主突然消失的呢?目前这对人类来说,仍然是一个谜团,人们只是根据已有的资料来对其进行推测。

第三章　恐龙化石的发现

>>>

化石，就是生活在遥远的过去的生物遗体或遗迹变成的石头。在漫长的地质年代里，地球上曾经生活过无数的生物，这些生物死亡后的遗体或是生活时遗留下来的痕迹，有许多都被当时的泥沙掩埋了起来。在随后的岁月中，这些生物遗体中的有机质分解殆尽，坚硬的部分如外壳、骨骼、枝叶等与包围在它们周围的沉积物一起经过石化变成了石头，但是它们原来的形态、结构（甚至一些细微的内部构造）依然保留着；同样，那些生物生活时留下的痕迹也可以这样保留下来。我们把这些石化了的生物遗体、遗迹就称为化石。从化石中，我们可以看到古代动物、植物的样子，从而推断出古代动物、植物的生活情况和生活环境，埋藏化石的地层形成的年代和经历的变化，以及生物从古到今的变化等等。

第三章 恐龙化石的发现

恐龙化石的形成过程

恐龙拥有的坚硬部分,如壳、骨、牙或木质组织,在非常有利的条件下够变成化石,使恐龙在死后可以避免被毁灭。但如果恐龙的部分身体被压碎、腐烂或严重风化,这就可能改变或取消恐龙变成化石的可能性。

古生物学家可以根据恐龙化石来推论其形态及习性。根据古生物学家的研究,恐龙就像现生的动物一样:有大的,有小的;有的用两条腿走路,有的用四条腿走路;有的吃植物,有的吃动物;有的皮肤光滑,有的皮肤上有鳞或骨板。其相似之处是:所有的恐龙脑子都很小,而且蛋都下在陆地上(所有的爬虫类都是如此)。

当恐龙死去并很快被沉积物或水下泥沙所覆盖时,石化过程就开始了。这些沉积物中含有细小的颗粒,会在尸体表面形成一层松软的覆盖物。这条"毯子"可保护动物尸体免受食腐动物的侵袭,也可隔绝氧气,抑制微生物的分解。恐龙的骨骼和牙齿等坚硬部分是由矿物质构成的,矿物质在地下往往会分

科普知识博览

解和重新结晶,变得更为坚硬,这一过程就被称为"石化过程"。随着上面沉积物的不断增厚,遗体越埋越深,最终变成了化石,化石周围的沉积物也都变成了坚硬的岩石。此外恐龙生活时的遗迹,如脚印、恐龙蛋等有时候也可以石化成化石保存下来。

恐龙的尸体经过亿万年的石化而变成化石,在地质的侵蚀作用下才又露出地面,被人发现。专家将这些化石复原成形,最后展示出来,使大家得以目睹这种恐龙的原来面目。恐龙的复原工作十分不容易。专家除了必须对现存生物有充分了解之外,在挖掘化石的时候,也要仔细观察,然后再加上丰富的想象力以及艺术家的表现手法,才能把一个恐龙的骨架复原。复原的骨架再加上肌肤,就能还原恐龙的真实面貌。

在化石回归地表的过程中,还有许多危险。在石化过程中,周围的岩石可能会弯曲变形,这样化石就会被压扁。另外,地壳底部的高温也有可能让化石熔化。逃过这些劫难后,还得有人赶在化石从周围岩层中分离前找到它,否则化石就会碎裂消失。

恐龙残体如牙齿和骨骼化石是我们最熟悉的化石,这些都被称为体躯化石;至于恐龙的遗迹(包括足迹、巢穴、粪便或觅食痕迹)也有可能形成化石保存下来,这些则被称为生痕化石。这些化石是我们研究恐龙的主要依据,据此我们可以推断出恐龙的类型、数量、大小等等情况。

第三章 恐龙化石的发现

恐龙化石的埋藏与发现

虽然恐龙的化石已在地球上存在了数千万年,但直到19世纪,人们才知道地球上曾经有这么奇特的动物存在过。关于这一点根据正式记载,第一个发现恐龙化石的是一名英国医师吉迪昂·曼特尔。曼特尔医师平时就有收集岩石和化石的嗜好。公元1820年,他和夫人发现了一些嵌在岩石里的巨大牙齿。曼特尔医师从没见过这么大的牙齿。当他在附近又发现了许多骨骼后,他开始对这些不寻常的发现物展开了认真的研究。花费一番工夫后,曼特尔

医师得出一个结论：这些牙齿和骨骼应该是属于某种庞大的爬行动物所有，他将这种不知名的动物命名为禽龙，学名的原意就是鬣蜥的牙齿。不久，英国又发现两种巨大爬行动物的骨骼，它们分别被命名为斑龙和森林龙。一直到公元1841年，这些巨大的爬行动物才有了正式的名字。当时一位杰出的科学家理查·欧文爵士将它们命名为恐龙，学名的意思是恐怖的蜥蜴，从此掀起了研究恐龙的热潮，全世界的科学家都兴致勃勃地投入到了挖掘恐龙的行列。

在1877到1878年间，美国的两位学者马修和科普在恐龙化石方面有了重大发现，对恐龙研究帮助很大。1878年，在比利时的一处煤坑中，科学家又发现了禽龙完整的骨骼化石。这些成就使科学家更加热衷于对恐龙化石的寻找和研究。经过一百多年的努力，人类大致了解了形形色色的恐龙世界。

第三章 恐龙化石的发现

加龙省的故事

英国里丁大学的一位名叫哈士尔特德的研究人员根据他从一部历史小说《米尔根先生的妻子》中发现的线索，在长时间的研究和翻阅了大量的资料后宣布，他终于发现了如下的研究结果：1677年，一个叫普洛特·加龙省的英国人编写了一本关于牛津郡的自然历史书。在这本书里，普洛特·加龙省描述了发现于卡罗维拉教区的一个采石场中的一块巨大的腿骨化石。普洛特·加龙省为这块化石画了一张插图，并指出这个大腿骨既不是牛的，也不是马或大象的，而是属于一种比它们还大的巨人的。虽然普洛特·加龙省当时没有认识到这块化石是恐龙的，甚至也没有把它与爬行动物联系起来，但是他用文字记载和插图描绘的这块标本已经被后来的古生物学家鉴定为一种叫做巨齿龙（现名斑龙）的恐龙的大腿骨，而这块化石的发现比曼特尔夫妇发现第一种被命名的恐龙——禽龙早了145年。因此，哈士尔特德认为，普洛特·加龙省才应该是有记录以来恐龙化石的第一个发现者和记录者。

侏罗纪时代——恐龙 063

恐龙化石埋藏地点

只有少数相当特殊的地质环境能够将化石保存完好,最常见的是质地细致的沉积岩。而恐龙化石由于年代久远,保存更不容易。现在所发现的恐龙化石埋藏地主要有德国的索伦候芬、蒙古戈壁沙漠的火焰崖、中国云南的禄丰等地区。

(1) 索伦候芬

德国的索伦候芬采石场在恐龙生活的时代是一个热带浅海,当时还有岛屿散布。索伦候芬的细致石灰岩层中保存有美颌龙属的化石,另外还有鱼类的纤细遗骸,以及早期鸟类始祖鸟等岛栖动物的遗骸。

(2) 火焰崖

蒙古戈壁沙漠的火焰崖保存了很多白垩纪晚期的动物化石,包括

第三章 恐龙化石的发现

原角龙、窃蛋龙和迅掠龙等。从20世纪20年代发现火焰崖蕴藏着化石以来，人们已经在这里挖掘了不少闻名世界的恐龙标本。

（3）科摩断崖

19世纪70年代，科学家们在位于美国怀俄明州的科摩断崖发现了不少恐龙的骨骼化石，其中大部分都是蜥脚类恐龙的骨骼。美国自然博物馆的科学家从19世纪90年代开始就一直在这里挖掘，目前已发现数百件标本。

（4）月谷

月谷是一个位于阿根廷西部的荒芜的峡谷，人们从这里发现的化石中才知道恐龙的存在。在月谷中发现的化石包括三叠纪晚期的喙龙类群和其他爬行动物类群，其中也包括早期的兽足类恐龙始盗龙属和埃雷拉龙属。这个偏远地点发现于20世纪50年代，人们却一直到20世纪80年代晚期才知道这里的化石蕴藏量非常丰富。

（5）禄丰

中国云南禄丰县恐龙山方圆10平方千米的地区是闻名于世的恐龙之乡。1938年考古学家在这里首次发现完整的恐龙化石，之后陆续挖掘出数十具恐龙化石。经鉴定，其中有

24属30多种恐龙,是世界上最原始、最古老、最丰富、最完整的脊椎动物化石群。

学者们研究发现,云南已经成为中国恐龙化石埋藏量最大的省份之一,而且主要集中于滇中地区的楚雄、昆明、玉溪3个州市。最奇特的是,这些化石点紧紧围绕东经102°自北而南展开,形成了3个化石密集埋藏区。

金沙江中游的元谋县姜驿乡与四川会理县接壤,这是云南北面的一个恐龙化石发掘点,化石埋藏面积超过40平方千米。自此一直向滇中地区推进,依次有牟定、武定、楚雄、禄丰、易门、安宁、双柏、晋宁、澄江、峨山等县市发现了恐龙化石。在东经102°周围的一条

第三章 恐龙化石的发现

狭长地带上,沿北纬25°至27°之间,集中分布着3个恐龙化石带:其一是元谋、牟定、武定分布带,发掘点呈三角形排列,自北而南依次为姜驿、戌街、安乐、狮山;其二是禄丰、楚雄分布带,依次为金山、苍岭(恐龙足印遗迹)、川街;其三是滇池分布带,计有八街、龙街、十街、夕阳、安龙堡、甸中、富良棚、岔河、塔甸,这一区域除龙街游离于东面以外,其余8个点呈密集分布状。

云南在三叠纪晚期曾是恐龙生活的"风水宝地"。那时候,像我们今天能看到的禄丰盆地、玉溪盆地、昆明盆地、元谋盆地等地,气候湿润,河流纵横,湖泊星罗棋布,是恐龙们生活的天堂。从我们今天发现的化石来看,许氏禄丰龙是这些恐龙化石中最有代表性的个案。人们为禄丰恐龙描绘了这样一幅生活图景:最早出现在禄丰盆地中的恐龙是起源于三叠纪晚期的"芦沟龙"。这种和鸵鸟一般大小的恐龙行动灵活,用后肢行走,高约1.5米,长有一个小而尖的脑袋,牙齿扁而尖,齿边沿有锯齿,出没于丛林之间,以两栖类小动物为食。威胁"芦沟龙"安全的是凶猛的"三迭龙",这种身躯粗壮、头骨高大、嘴裂长、长着像刀子一样牙齿的巨兽出没于河湖莽林间,追捕一切比它弱小的动物。在那个古老的世界中,禄丰盆地里生活着大地龙、巨硕云南龙、中国兀龙、三迭龙、金山龙、禄丰龙等等。

这条神奇的恐龙化石轴线所在地被地质学家们称为"康滇古陆"。有学者认为,康滇古陆是一个古老的陆地板块,它的长期稳定性使得它在喜马拉雅造山运动前后从未游离漂移过,也许正是由于这个原因,那些遥远年代的恐龙化石才得以较完整地保存下来。

恐龙化石的发现

许多化石都保存在沉积岩中。沉积岩是一种由沉积在河、海、盆地或陆地上的沉积物经固结而形成的岩石,按其成因和物质成分可分为砾岩、砂岩、泥岩等。因为组成

沉积岩的砂土微粒十分细腻,可以很好地保存化石,所以在沉积岩中也包含了圆形的石块,称为结核。除此之外,冷却的熔岩表面的化石足迹也有可能保存下来。而永远冻结在地面上的,例如西伯利亚的永冻土,也可以很好地保存化石。

化石的出露是有一定规律的,所以在寻找化石时,需要先对各种沉积岩以及它们的地质年代有所了解。新技术的采用也为科学家们发现恐龙化石提供了很大的帮助。

水、风或人类的活动都会导致蕴藏化石的岩石露出,所以侵蚀中的悬崖和河岸都是寻找化石的好地点,而因人类活动而使化石露出的地点则通常包括采石场、路边和营建工地。寻找有可能蕴藏化石的埋藏点时经常会用到地质图,因为地质图可以显示露出地表的不同类型或不同单元的岩石类型。航空摄像和卫星摄像也可以配合地质图一起使用,以便确定出露岩石的精确位置。

第三章 恐龙化石的发现

恐龙化石的挖掘

生代沉积岩层露出地表或接近地表的地方。山路旁、采石场、海岸、悬崖、河岸甚至煤矿都有可能是挖掘的地点。不过,占地最广、恐龙蕴藏量最多又露出地表的地区多半

在发现恐龙化石的埋藏地点后,考古人员就要把化石挖掘出来。起出那些零星的小化石可能只需要一个人花上几分钟的时间,但是如果要将大块化石从坚硬的岩石中起出,就需要大批人员费时数星期或数月,且需要动用各种机械工具才能完成。在此过程中,测量并记录作业细节也同样重要。

挖掘的地点

探寻恐龙的最佳地点是在中

侏罗纪时代——恐龙　069

科普知识博览

位于崎岖的不毛之地或遥远的沙漠之中。

在硬岩石里的大骨架，就必须使用炸药、开路机或强有力的钻孔机等工具。

挖掘的方法

在恐龙化石的挖掘中，工作人员会根据挖掘地点的不同采取不同的挖掘方式。比如在某些沙漠地区，工作人员只要把上面的沙子清除，就能整理出骨骼来。但要挖掘埋藏

测绘挖掘现场

人们在恐龙挖掘现场移除任何东西之前都会先用网络分区，在不同的分区内找到的化石都要标示清楚，摄影并精确绘测现场图，这样

第三章 恐龙化石的发现

到最后就会得到一张精密完整的现场绘图。这个处理过程几乎和化石本身一样重要，因为记录挖掘现场的精确位置和彼此的相对位置，有助于揭示标本恐龙当时的致死原因以及它们被保存下来的原因。

化石的搬运

化石在移动前要先进行稳定处理，有时只需要用胶水或树脂涂刷暴露部分，有时则必须以粗麻布浸泡热石膏液做成的绷带来包裹。小块化石可以用纸张包起来，或收藏在样品袋中以免受损；大块化石或用石膏包裹，或在最脆弱的部位用聚胺甲酸酯泡沫来保护；有些较大的内藏化石的石块则必须先劈开再运输。

恐龙化石的复原

寻找、挖掘作业只是认识恐龙化石的第一步，接下来就是将化石骨骼一块块地拼凑起来，重新构建一副骨架。再下来的复原工作则是在骨架上添加筋肉，使之重现生前的模样。所以有时古生物学家花在实验室里的时间比花在野外的时间还长。

清理化石

在实验室里取出恐龙化石时需要特别小心。去除岩石以便露出化石的精巧细部构造需要谨慎处理，也相当费时，可视需要移除的岩石多寡来决定使用的工具。在去除化石周围的岩石后，还需要在化石上涂胶水和树脂来加以保护。

酸剂预备作业

稀释后的乙酸或甲酸可以用来溶蚀化石周围的岩石，而不会伤及化石本身。但整个作业过程必须谨慎监看，因为有时酸剂会从内部将化石分解。有些酸剂相当危险，可能会灼伤皮肤，因此使用者必须穿戴安全面罩、手套及防护服。

第三章 恐龙化石的发现

学术描述与命名

等化石完全准备妥当后，古生物学家就可以开始描述化石的构造，并与相关或类似的恐龙做比较。如果有可能是新的属或种类，就要为这个化石恐龙起个新学名。拿新化石的特征和其他化石做比较，就可以把新化石纳入种系发生关系中。

图解描绘

图解描绘的过程是描述恐龙实际长相的关键一步。图解的方式有很多，有的是精确素描岩石中埋藏的化石，有的是结构完整、标示清楚的重建复原骨骼图。为求精确，科学家通常会使用摄像描绘器。虽然素描作品不如照片精确，但还是很有用，因为借由素描可以将可能同时出现在单件化石上的特征结合呈现。

原稿审阅和论文发表

完成化石研究后就可以把研究结果写成论文公布发表。论文内容可能是对新恐龙的描述，也可能是对某种早已认识的恐龙种类的重新评估。论文中也可以用图表、照片来辅助说明。所有论文在正式发表之前都需要经过同行审阅，所以多半相当可靠。

侏罗纪时代——恐龙

重组

在弄清楚某种恐龙骨骼的结构之后,科学家就会尽可能地重组该副骨架。失落的骨架采用玻璃纤维制作的模型来代替,现在我们能够看到的大部分大型的展示骨架也都是用质量较轻的玻璃纤维模型来代替的,科学家将细金属条隐藏其中,以便支撑架构。

重塑

重组的骨架是重塑某种恐龙生前模样的基本依据。在重塑时,现存的爬行类、鸟类和哺乳动物的身体结构可以用来参考,因为它们有助于指出恐龙内部器官的大小、外形、位置和构成腹部的肌肉情况。而皮肤的构造则可参照化石上的皮肤印痕。

恐龙皮肤的颜色

我们可以根据已发现的化石来对恐龙的体型和生活形态等细节进行复原和推断,但我们无法找到有关恐龙皮肤颜色的化石根据,所以我们只能根据对现有动物的认识来推测。根据古生物学家推测,大型恐龙可能会有斑纹或斑点作为保护色,颜色也会更鲜艳一些。交配期间,雄性恐龙的头部与皮肤的部分区域可能会像现代鸟类一样显现出艳丽的色彩,因为这样更容易获得异性的青睐。

我们在博物馆里能够看到的恐龙其实只是库存化石中的一小部分。例如在犹他州普罗伏杨百翰大学的地球科学博物馆就贮藏了近100吨尚未剥除石膏外壳的化石,许多博物馆地下室的架子或抽屉里塞满了贴有标签的恐龙骨骼化石,其中大部分都会原封不动地摆上好几年,等待科学家来研究。

第三章 恐龙化石的发现

 # 恐龙化石的研究

对恐龙的研究基本上都是基于已经发现的化石。如今,古生物学家通过先进仪器不用破坏化石就可以看到其内部,而且也可以看到过去不可能检视的内部细微构造。这也让我们得以了解恐龙的生活方式、食物、成长和行动方式等,并且推测出恐龙的进化谱系。

恐龙化石解剖学

恐龙化石解剖学可以为我们提

供化石恐龙本身可能的生活方式或构造的信息,还能提供该恐龙所属的类群进化的相关信息。古生物学家还可以拿某种动物的骨头来与相似类型的骨头做比较,从而阐述物种间的进化谱系关系。虽然化石恐龙的肌肉、器官等柔软组织是不可能变成化石保存下来的,但科学家却可以用现代动物的解剖构造来与化石恐龙比较对照并推断出来。

侏罗纪时代——恐龙　075

科普知识博览

恐龙的控制系统

在恐龙体内，是交感神经系统和荷尔蒙系统一起进行协调作用的。在恐龙世界中，虽然有些小型的兽脚类恐龙的脑部比较大且比较复杂，绝大多数蜥脚类恐龙的脑部还是很小的，例如大型的兽脚类恐龙之一的暴龙就有一个专门控制四肢运动、处理视觉与嗅觉讯息的脑部，但它的大脑实际上是比较小的。

恐龙的心肺系统

恐龙的心肺系统在执行功能上，可能类似于人类的温血系统或

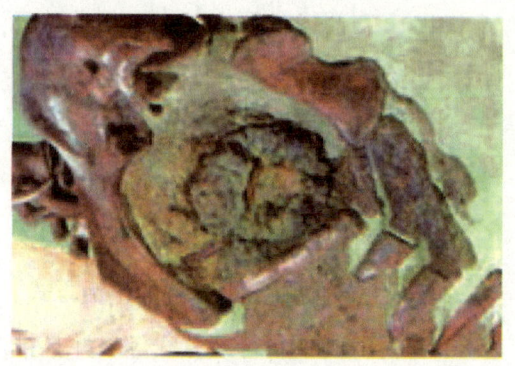

爬行类的冷血系统。比如兽脚类恐龙拥有高效率的心脏以保持较高的体温，而蜥脚类的恐龙庞大的身躯则可以贮存足够的太阳热能，使它们在整个夜晚都保持温暖。

恐龙的柔软组织

恐龙身上的柔软组织主要包括肌肉、消化系统等，其骨骼

第三章 恐龙化石的发现

之间以韧带相连，成对且相抗衡，肌肉通常是由筋腱附着在骨骼上，以收缩和放松的方式使四肢来回移动。恐龙的消化系统则由盘旋的肠子所组成，如肉食性恐龙拥有相当短而简单的消化道，草食性恐龙却需要长而复杂的肠子，以便分解植物纤维、身体的废物等。

恐龙的骨架

恐龙骨架的功能主要在于支撑用来运动的肌肉，并保护大脑、心脏和肺部器官，以及安置制造血液的骨髓。有些类群的恐龙会有特殊的骨骼，如兽脚类恐龙大头颅里巨大的颞孔，可以减轻不必要的重量。

恐龙的牙齿

通过观察恐龙的牙齿化石，我们可以了解恐龙的生活方式，例如肉食性恐龙的牙齿通常有锐利的边缘或具有圆锥形牙齿，植食性恐龙的牙齿则有叶状或扁平的咀嚼齿。另外，不同恐龙口中的齿列形态也可以为我们提供有关恐龙觅食方式的信息。

古病理学

研究古代疾病和伤害的学问称为古病理学，这种研究主要是通过保存下来的骨头进行的。比如说，

侏罗纪时代——恐龙　077

如果化石动物的骨头出现病变或特殊的增长，就代表这个动物生前可能曾经患过病或受过伤。举个例子，古生物学家曾通过研究埃德蒙托龙的化石发现，原来埃德蒙托龙也和人类一样，会患上癌症。

电脑断层摄影

使用电脑断层摄影技术，科学家不需要破坏标本就可以看到化石颅骨的内部构造。平常需要剖开化石才能检视的细部构造，现在用电脑断层摄影就能轻易做到。而且传统的X射线会把物体压缩成单一平面，而电脑断层摄影则可以产生立体的电脑模型，在多维空间里进行操控。

显微镜的运用

古生物学家使用显微镜来观察化石，就表明他们已经有办法研究各种化石微生物了。扫描电子显微镜是一种功能强大的工具，它可以放大物体达百万倍，可以看到远比过去更加细致的化石骨头细节。这类仪器首次揭露了化石化的微生物构造，并协助古生物学家更深入地了解了恐龙的生活环境。

第四章　恐龙灭绝之谜

>>>

恐龙是出现于2.45亿年前，并于6500万年前结束的中生代的爬虫类，是地球上所有出现过的生物中最大的陆地脊椎动物。恐龙在某一时期突然消失，成为地球生物进化史上的一个谜题，这个谜题至今无人能解。在中生代的地层中，人们曾发现了许多恐龙化石，包括了大量各式各样的骨骼。但是，在紧接着的新生代地层中，却完全看不到一丁点恐龙的化石。古生物学家们由此推知，恐龙在中生代时就全部灭绝了。

　　关于恐龙绝种的真正原因，自古以来众说纷纭，但是始终没有一个确切的定论，因此到目前为止，恐龙灭绝仍是一团疑云，本章即来罗列一些关于恐龙灭绝的说法。

第四章 恐龙灭绝之谜

陨石毁灭说

这一学说是大部分人都认同的一个说法，即认为恐龙灭绝的原因可能是因为6500万年前有一颗小行星撞到了墨西哥尤卡坦半岛上。陨石毁灭说真正是由美国科学家刘易斯·艾华莱兹和瓦特·爱华莱兹父子提出的，他们认为是一种体积大得惊人的灼热的小行星从外太空某处飞来与地球相撞才造成恐龙灭绝的。

1980年，美国科学家在6500万年前的地层中发现了高浓度的铱，其含量超过正常含量几十甚至数百倍，这样浓度的铱只在陨石中可以找到。因此，科学家们就把它与恐龙灭绝联系起来了。科学家还根据铱的含量推算出当时的撞击物体是一颗直径约10公里的小行星，并且它是以每小时9.7万公里的速度冲向地球的，碰撞地据推测可能在墨西哥境内。这么大的陨石撞击地球，

天体可能以巨大的冲击力在地球表面撞出了几公里深的裂缝，撞击的碎片纷纷散落，引起了强烈地震、海啸、大洪水和大火灾。而这次碰撞产生的大量灰尘和气体混合到大气中，遮天蔽日，使气候出现反常。先是大火灾，再是冰川期，接下来又是难以忍受的炎热，气候强烈反复，造成了一场巨大灾难。这场生态灾难造成了植物群和动物群的灭绝，其中就包括恐龙。

科学家们为我们描绘了6500万年前那壮烈的一幕：有一天，恐龙们还在地球乐园中无忧无虑地尽情吃喝，突然天空中出现了一道刺

绝对是一次无与伦比的打击，以地震的强度来计算，大约是里氏10级，而撞击产生的陨石坑直径将超过100公里。科学工作者用了10年的时间，终于有了初步结果，他们在中美洲犹加敦半岛的地层中找到了这个大坑。据推算，这个坑的直径在180公里到300公里之间。从2001年12月起，德国波茨坦地理研究中心就开始了对这个大坑的研究。

据研究推测，这个

第四章 恐龙灭绝之谜

眼的白光,一颗相当于一座中等城市般大小的巨石从天而降,那是一颗小行星,它以极快的速度一头撞进大海,在海底撞出了一个巨大的深坑,海水被迅速气化,蒸气向高空喷射达数万米,随即掀起的海啸高达5公里,并以极快的速度扩散,冲天大水横扫着陆地上的一切,汹涌的巨浪席卷地球表面后会合于撞击点的背面一端。在那里,巨大的海水力量引发了德干高原强烈的火山喷发,同时使地球板块的运动方向发生了改变。那是一场可怕的灾难,陨石撞击地球产生了铺天盖地的灰尘,极地雪融化了,植物毁灭了,火山灰也充满了天空,一时间暗无天日,大雨滂沱,山洪暴发,泥石流将恐龙卷走并埋葬起来。在以后的数月乃至数年里,天空依然尘烟翻滚,乌云密布,地球因终年不见阳光而陷入低温,苍茫大地一时沉寂无声,生物史上的一个时代就这样结束了。

科学家们认为,巨型陨石撞击尤卡坦半岛所产生的冲击力相当于同时引爆了50亿颗原子弹。灾难发生后激起浓密的尘埃,硫酸云进入大气笼罩了整个地球,使太阳光无法直接照射到地球上来,直接导致了许多动物种类完全从地球上灭绝,恐龙也在其列,只有少数哺乳动物和鸟类躲过了这次浩劫,地球的地质历史从此进入了一个新的阶段。

按照科学家们猜想,正是这一事件直接导致了恐龙时代的结束。此后,地球自然史便进入了哺乳动物时代,然后古猿出现,再后来人类就产生了!

火山影响说

继陨石毁灭说之后，又有一些科学家提出了火山影响说。他们认为是巨大的火山喷发引起了白垩纪晚期物种的灭绝。当时，世界上最大的火山喷发位于印度的西部。火山喷发的岩浆和气体拥出后，覆盖了大片大陆。熔岩凝固后形成了1000米后的火山岩床，即如今被称作德干高原的地方。火山喷发释放出的气体中含有金属元素铱，释放出的大量尘埃遮天蔽日，导致全球气候变凉，爬行动物也中了铱气之毒。于是，灾难又一次到来了！

彗星碰撞说

这一学说是古生物学者大卫·劳普以及约翰·赛普柯斯基发表的"古生物的绝种是每2600万年发生一次"论点为开端而产生的。路易·阿尔巴勒兹将这个论点及自己的理论送给天体物理学者查理·缪拉看,后来缪拉就认为恐龙灭绝是由于太阳的半星复仇女神星的引力周期性地把彗星推向地球的缘故。

植物毒性说

这一学说的提出是因为有的科学家推测,恐龙是吃了有花植物中毒而遭到绝灭的。恐龙生活在中生代,当时植物界的蕨类、苏铁、银杏、松、柏等裸子植物占据了统治地位,并且这些植物中含有许多单宁酸,对恐龙并无损伤。但是,在1.2亿年以前,最早的有花植物出现了,这些有花植物组织内常常含有作用强烈的生物碱,会对恐龙的生理产生不利的影响,比如有的生物碱——如马钱子碱等具有很大的毒性,恐龙大量吞吃了生物碱后,毒素反应会使其出现严重的生理失调,最后导致死亡。不过,含有生物碱的植物并非突然出现于白垩纪后期,它们在恐龙绝种的500万年前就已经可以见到了。可惜的是,此学说并未说明恐龙在这段期间内仍能生存下去的原因。

第四章　恐龙灭绝之谜

海洋变迁说

另一种说法：6500万年前，地球气候陡然变化，气温大幅下降，海洋面积逐步缩小，造成大气含氧量下降，热带植物因气候突变而大批死亡，恐龙自然也无法生存下去了。

造山运动说

这种说法是：在白垩纪末期发生的造山运动使沼泽干涸，许多以沼泽为家的恐龙就无法再生活下去；因为气候变化，植物也改变了，食草性的恐龙因不能适应新的食物而相继灭绝；草食性恐龙灭绝，肉食性恐龙也失去了依靠，结果也灭绝了。这一灭绝过程持续了到了白垩纪末期，恐龙便终于从地球上永远消失了。

温血动物说

有些人认为恐龙是温血性动物，可能禁不起白垩纪晚期的寒冷气候而导致无法存活。因为即使恐龙是温血性，体温仍然不高，可能和现生树獭的体温差不多，而要维持这样的体温，也只能生存在热带气候区。同时，恐龙的呼吸器官并不完善，不能充分补给氧，而他们又没有厚毛避免体温丧失，相反还容易因其长尾和长脚而丧失大量热量。温血动物有一点和冷血动物不一样，就是如果体温降到一定的范围之下，它们就要消耗体能以提高体温，身体也就很快地变得虚弱。他们过于庞大的躯体使得它们不能进入洞中避寒，所以如果寒冷的日子持续几天，它们就可能会因为耗尽体力而惨遭被冻死的厄运。

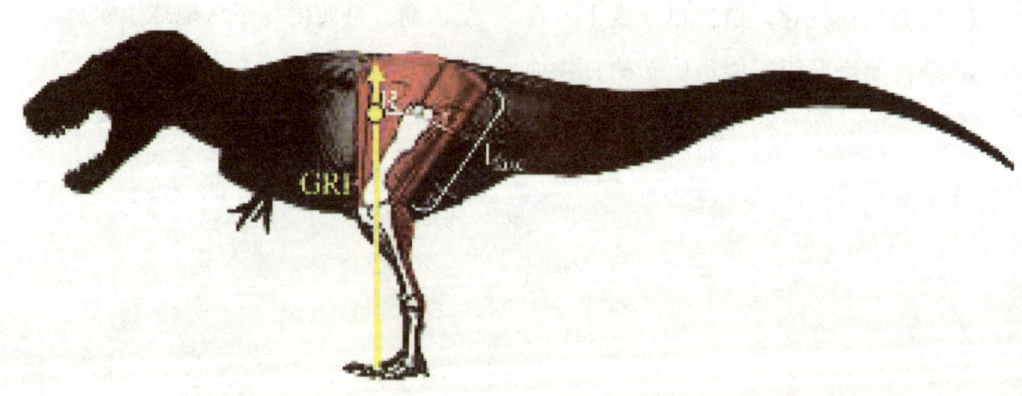

第四章　恐龙灭绝之谜

 ## 自相残杀说

有人认为造成恐龙灭绝的真正原因是恐龙族群自相残杀。肉食性恐龙以草食恐龙为食，肉食恐龙增加，草食恐龙自然越来越少，最后终于消失，肉食恐龙因无肉可食，就自相残杀，最后终于同归于尽。

 ## 食物匮乏说

恐龙的数目急增，在植物有限的情况下，造成了草食性恐龙的灭绝，接着靠食用草食性恐龙为生的肉食性恐龙也因为食物的不足而跟着死亡，这就是食物匮乏说。但是这一学说成立的关键一点是：为何恐龙会在历经了长达约两亿年的生态平衡之后突然增加？这一点也吸引了许多学者对恐龙异常增产的原因作进一步的研究和探讨。

# 哺乳类犯人说

这种学说认为,在中生代后半部,已经有哺乳类的祖先生存了。根据化石的记录,当时的哺乳类体型甚小,数量也十分有限,直到白垩纪的后期,它们的数量才开始急剧增加。科学家据此学说推测它们属于以昆虫为主食的杂食性,它们发现恐龙的卵之后,就不断取而食之,最终导致恐龙的灭绝。真的是这样吗?按理说,如果哺乳类战胜了恐龙,那么随着哺乳类化石的增加,恐龙的化石应该逐渐减少才对,但事实上却并没有出现这种化石交替的现象。哺乳类化石真正的增加是在恐龙的时代终了之后,而且,恐龙的化石是在突然之间消失的。很显然,恐龙被哺乳类消灭之说是不能成立的。

第四章 恐龙灭绝之谜

种的老化说

此学说认为恐龙由于繁荣期长达一亿数千万年，使得其肉体发展得过于巨体化，角和其他骨骼也出现了异常发达的现象，导致其在生活上产生了极大的不便，终于导致绝种。例如恐龙中最具代表性的雷龙，体长25厘米，体重达30吨，过于庞大的体型，使其动作变得迟钝而丧失了生活能力。另外，三角龙等则因三只角不断巨大化，以及保护头部的骨骼等部位异常发达，从而走向了自灭之途。

不过，并非所有的恐龙体型都如此庞大，也有体长仅一公尺左右的小恐龙，以及骨骼像鹿一般、能够轻快奔跑的恐龙。但为什么这种恐龙也同时绝种了呢？而且科学家认为，异常发达的骨骼等部位，在冷血动物体内，能够吸收外界的温度，也能放出体内的热量以调节身体的温度，具有非常有利的功能，所以恐龙应该会存在很长时间才对，但事实却是它们突然消失了。很明显，这一学说也不能成立。

 ## 缓慢灭绝说

缓慢灭绝说认为,恐龙是逐渐减少的,恐龙的种族是慢慢灭绝的,这个灭绝过程可能长达几百万年,霸王龙就是最后灭绝的恐龙之一。

除了上述的十二种说法之外,还有"传染病""来自宇宙的放射线或超新星的爆炸""未乘上诺亚方舟""行星X说""太阳系振动说"等较鲜为人知的说法。至于哪一个才是最好的说法,全凭各人的想法,并没有一定的对与错,因为毕竟恐龙灭亡之谜还没有真正解开,任何可能性都是存在的。

第五章　恐龙小知识

>>>

恐龙这种古老而神秘的巨型生物在我们现代人的眼中充满了神秘的气息，人们都想要了解它们，但不是每个人都有机会能像古生物学家一样接触到真正的恐龙化石和资料的，大多数人对恐龙的了解仅限于科普信息和像《侏罗纪公园》那样的恐龙题材的电影，因此社会上有很多因缺乏关于恐龙的准确信息而提出的各种各样的问题，本章我们就来选取一些并进行简单的解答。

第五章　恐龙小知识

 恐龙会游泳吗？

恐龙习惯在比较干燥的陆地上生活，但这并不是说它们就是"旱鸭子"，完全不能下水。其实，和现生的许多陆生动物一样，恐龙在迁移时、逃避敌害时或闲暇时，也会去到水中。比如，蜥脚类恐龙在逃避肉食龙的追捕时，能进入河湖之中躲避，它们有很长的脖子，很深的水也淹不死它们。根据雷龙在游泳时留下的脚印化石来看，它们在游泳时是前脚向前迈进，后脚踢水；当转变方向时，四脚则同时触地。鸭嘴龙脚上有蹼，尾巴扁平，是天生的游泳高手，它们可以依靠尾巴的左右摆动在水中游得很快，这一招是它们逃避霸王龙捕食的有效办法。即便是捕食性的肉食龙，也不是完全不能下水的，有足迹化石说明，有的肉食龙在追逐猎物时也能去到水中，只是比起它们在陆地上来说要笨拙许多。

恐龙会吃人吗?

要回答恐龙会不会吃人的问题,首先要看恐龙生活的时代有没有人。恐龙绝灭于6500万年以前,而我们人类出现得很晚,从猿到人的进化大概开始于400多万年前,第四纪冰期气候最终迫使我们的祖先猿离开森林,改变生活方式,最终进化成人。所以,人类的历史也不过200万年左右。从恐龙灭绝到人类出现,其间相隔数千万年,所以我们根本无缘和恐龙打照面,恐龙也压根就不知道几千万年后还会有后起之秀的人类,并且还对它们的尸骸如此感兴趣。所以,恐龙是没法吃人的。

恐龙为什么要吃石头?

古生物学家常在恐龙化石骨架的胃部或埋藏恐龙化石的岩层中发现被高度磨光的小石子,这些小石子被称为胃石,是恐龙生前吃进去的。恐龙囫囵吞下的食物不容易被消化,于是进化出了吞食小石头的习性。吃下去的石头长时期呆在胃里,随着胃的蠕动,和食物反复搅拌摩擦,食物被磨碎了,石头也渐渐被磨光了。这其实与今天的鸟类啄食小石子的作用非常相似。

第五章 恐龙小知识

哪些恐龙常单独活动？

大型的肉食型恐龙，如霸王龙、异特龙、永川龙，性情暴戾，有足够的力量称王称霸，就像今天的老虎和狮子一样。它们比较喜欢独来独往，或以小家庭为单位进行活动。另外剑龙的化石常单个被发现，所以剑龙可能也是喜欢独居生活的孤僻的恐龙。

恐龙是怎样进食的？

不管是植食性恐龙，还是肉食性恐龙，它们都具有相同形状的牙齿，称为同型齿，个别种类没有牙齿。同型齿有撕咬的功能，没有咀嚼的功能，所以恐龙进食时都不能对食物进行咀嚼，只能囫囵吞下。对于小型的猎物，肉食性恐龙则将其整体吞下；若猎物较大不能整体吞下，则将其撕裂成碎片，再一块一块地吞下。

剑龙身上的剑板有什么作用?

动物身体的形态结构总是和功能分不开的,是动物适应环境的进化产物。但是,科学家对剑龙背部的两排剑板的功能却一直感到大惑不解。以前有人认为,剑板可能是剑龙的一种保护性的防御装置,既可以保护自己的背部,又可以吓唬敌人。可后来发现,剑板内部多孔,一点不结实,其防身作用就很难实现了。于是又有人说,剑板是这类动物的拟态或什么特征性的显示构造,但这种说法无法验证,现生动物也没见如此古怪的,所以这种说法也无法证明到底是对还是错。

在对剑板功能的多种说法中比较能让人赞同的一种就是说剑板是剑龙调节体温的装置。剑板内有很多细小孔道,可能是剑龙生前血管通过的地方,剑龙通过控制流经剑板的血液量来达到散热或吸热的目的。据此,人们又戏称剑龙为身背空调器的恐龙。如果真是这样,其剑板可能还会根据需要转变方向。

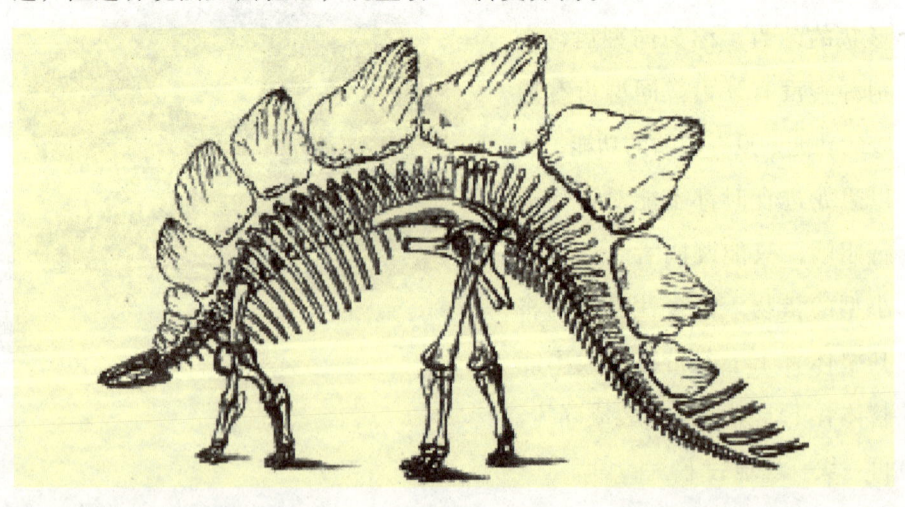

第五章　恐龙小知识

恐龙的视力怎样？

判断动物的视力好不好，大体有两个标准，一个是眼睛大小，眼睛大视力好，眼睛小视力差；第二个是两眼的位置，植食性动物的眼睛长在头部两侧，双眼距离很大，这类动物的视野很广阔，能水平环视，可及时发现前面、侧面甚至身后的敌人；肉食性动物的双眼距离较近，且长在头部的前面，视野有一部分重叠，看物体立体感强，判断目标的距离准确迅速，利于捕食猎物。根据此原理，有的科学家认为：鸭嘴龙有一双很大的眼睛，眼睛周围有一圈能活动的骨质的巩膜板，其作用如同照相机的光圈，眼的位置又很靠后，所以鸭嘴龙的视力相当好，能及时发现和躲避霸王龙。此外，蜥脚类恐龙的视力比鸭嘴龙要差一些，剑龙和甲龙的视力则更差，可能是恐龙家族的"近视眼"。而肉食性恐龙，如永川龙、霸王龙则具有敏锐的视力。

蜥脚类恐龙患高血压病吗？

有一种观点认为，蜥脚类恐龙，尤其是像马门溪龙这样的大型蜥脚类恐龙脖子长度大都在10米左右，心脏要把血液送到头部去，血压肯定不低，所以它们可能会患上高血压病。但蜥脚类恐龙在侏罗纪非常繁荣昌盛，说明这个较高的血压是在它们正常的生理范围之内的，而非高血压的病态。还有一种观点认为，由于蜥脚类恐龙的颈肋很长，不利于脖子的弯曲和昂起，所以它们的脖子是平伸出去的。如果真是这样，蜥脚类恐龙的血压就会较低，而不是较高，所以更不可能患上高血压病了。因此不管是何种情况，蜥脚类恐龙都没有患高血压病。

第五章　恐龙小知识

为什么蜥脚类恐龙的肚皮那么大？

植食性动物是以植物为食物的，且食量大都比较大，需要发达的消化系统来消化处理。特别是由于植物中含有大量难于消化的植物纤维，需要靠细菌在盲肠内帮忙分解，所以植食性动物的盲肠特别发达，盲肠也就成为了植食性动物消化系统的重要组成部分。长而粗大的盲肠当然要占据相当大的空间，因此植食性动物的肚皮就比肉食性动物的大多了。蜥脚类恐龙是吃植物的，属植食性动物，且食量很大，因此它们的盲肠也特别长而粗大，肚皮自然也很大。

 恐龙的心脏结构是怎样的？

在美国南达科他州发现的恐龙心脏化石表明，恐龙的心脏与鸟类和哺乳动物的心脏相似，即心脏分为四个心腔，与一根主动脉血管相连。这样的心脏与爬行动物结构比较简单的心脏大不相同，显示出恐龙生前具有独立的体循环和肺循环，其血液循环的效率还是比较高的。

恐龙是怎样行走的？

恐龙是直立行走的。现生爬行动物为匍匐爬行，即四肢从身体的两侧伸出，腹部贴在地面上爬行。而恐龙是四肢收拢在腹面，向地面垂直伸出，腹部离开地面，直立而行。

第五章　恐龙小知识

恐龙的尾巴有什么作用？

恐龙的尾巴同其他陆生四足动物一样，其基本功能是在陆地上行走和奔跑时起平衡身体的作用。有的植食性恐龙的尾巴呈鞭状，或尾巴上着生有尾刺、尾锤等，这类尾巴还具有防御敌害的作用。

恐龙的牙齿是什么样的？

恐龙的牙齿有勺状齿、棒状齿、叶片状齿和匕首状齿等几大类。鸭嘴龙的为无数小牙齿组成的齿板，后期的恐龙中也有没有牙齿的。这里要注意的是，一条恐龙的嘴巴里只有一种形状的牙齿，称为同型齿。也就是说恐龙的牙齿是没有分化的，功能是单一的，大都只适于撕咬。原来的牙齿磨损了，又会长出新的牙齿替换上去。

侏罗纪时代——恐龙　　103

恐龙的鼻孔在哪里？

一项新研究指出，长在恐龙表面的肉质鼻孔可能处在朝前的方位——位于"喙"的位置上，而不是像以前认为的那样，朝着它们多骨的鼻子后面开口。这种位置或许暗示了恐龙是如何呼吸、闻气味、以及调节体温和水分散失的。科学家在研究了与恐龙亲缘关系最近的现生动物（鸟类和鳄鱼）以及其他一些亲缘关系远一些的物种的肉质、多骨的鼻孔的位置后指出，喙状鼻孔可能是爬行动物、鸟类和哺乳动物的解剖准则。

第六章　中国恐龙之乡
——四川

四川自贡一直以来都被誉为中国的恐龙之乡。四川，是主要由长江水系四个支流汇集涵养的盆地，主要是中生代与新生代陆相沉积岩石涵盖的广大区域。它位居北面屏障的秦岭与南面高耸的云贵高原之间，形似东北延伸的椭圆形，面积达二十万平方公里。中生代的岩石从三叠纪晚期一直延续到白垩纪早期，厚达三千到五千公尺，主要由河流或湖泊中的紫红色砂岩构成。恐龙化石主要保存在侏罗纪中期到晚期的岩石中。据推断，伴随在中国西南方（包括云南、贵州、四川地区）古扬子江水系的是一群大湖泊罗列，包括蜀湖和云南湖，而西羌湖位居其间，相互连通。这个古扬子江水系延伸至云南西南隅，可能流到古地中海中了。各式各样的恐龙家族就在这些大湖边缘及邻近地区逐水而居。其中蜥脚类恐龙最为繁盛，而且在侏罗纪晚期时候演化成为庞然大物，并遍存全球各处。

第六章 中国恐龙之乡——四川

 四川上沙溪庙组

上沙溪庙组是中国四川省的侏罗系岩石地层，其上为遂宁组，其下为下沙溪庙组（Lower Shaximiao Formation）；古生物学家在上沙溪庙组发现了大量的脊椎动物化石，包括蛇颈龟科、原鳄类和西蜀鳄科，当然还有恐龙。1952年，筑路工人在四川境内宜宾市靠近金沙江的马门溪渡口挖掘出了一具大型蜥脚类恐龙的骨架。宜宾文物中心将其立即运送到北京，经杨锺健教授研究而命名为建设马门溪龙。1957年，四川石油开发队又在四川合川县西北35公里的太和镇涪江之畔古楼山山腰上发掘出合川马门溪龙骨架。归纳起来，上沙溪庙组发掘出的恐龙化石类型主要有以下几种：

甘氏四川龙

甘氏四川龙的特征有耻骨脚不

永川龙

甘氏四川龙虽然凶猛，却还不是这个中国的侏罗纪公园中的霸主，永川龙才是上沙溪庙组最可怕的掠食动物。永川龙是晚侏罗世中国最大型的肉食恐龙，体长7米以上，最大的可达10米左右。目前科学家已经发现了永川龙的三个种，包括：上游永川龙，巨型永川龙和和平永川龙，不过也

发达，耻骨骨干细长，前部颈椎后凹型，背椎神经棘较低，荐椎神经棘不愈合等。还有一些其他的特征比如：后部颈椎后凹型，颈椎无腹嵴，第四掌骨缺失等。甘氏四川龙是凶猛的肉食性兽脚类恐龙，体长5米左右，从甘氏四川龙的肢骨可推测出它们的行动很迅速。甘氏四川龙的前上颌骨齿门齿化，非常厚实；而上颌骨齿和齿骨齿侧扁，齿冠弯曲，前后具有发达的锯齿。

第六章　中国恐龙之乡——四川

有人把和平永川龙归入中华盗龙属，称为和平中华盗龙，另一些古生物学家则把中华盗龙属的董氏中华盗龙归入永川龙。总之，两者是十分接近的动物，都属于肉食龙类跃龙超科中华盗龙科。

永川龙和北美洲的莫里森组和葡萄牙的卢连雅扬组发现的跃龙属很接近，不过相比跃龙，永川龙的一些特征比较原始，比如泪骨骨棘不发育，外鼻孔较短，颈椎神经弓不发育，耻骨脚前端短等。但是永川龙也具有很多特化的特征，比如额骨和顶骨关系紧密，顶骨突特别发育，鼻骨较窄，外下颌孔大，背椎神经棘高，肩胛骨骨干较宽等，所以可能是代表东亚比较特化的一类肉食恐龙，是跃龙超科中比较早分化出来的一支。

永川龙的头骨特别巨大，长达

80到100厘米,但是并不重;嘴里长有60多个牙齿,前上颌骨齿门齿化,上颌骨齿和齿骨齿前后具有发达的锯齿;前足三指,有爪。永川龙为完全的双足行走动物,后肢粗壮,后足四趾,有爪,第一趾小,为悬趾,其他三趾向前。古生物学家根据永川龙的骨架和在四川发现的大型肉食恐龙脚印一般都是单独发现推测,永川龙可能有类似于现在的虎豹一样的生活习性,性情凶猛,喜欢独居,经常在河流湖泊等水源附近伏击大型猎物。

永川龙的化石和模型在很多博物馆都有展出,比如北京自然博物馆、自贡恐龙博物馆等,一般都装架为凶猛的捕食姿态,甚至和沱江龙对峙。

马门溪龙

马门溪龙属是晚侏罗世在中国分布最广,种类最多,体型最大的大型蜥脚类恐龙之一,在我国的重庆市、四川省、云南省、甘肃省和新疆维吾尔自治区都有发现。根据自贡恐龙博物馆统计:马门溪龙至少有9个已命名种,其中至少有6个有效种,但是从网络资料看,可能还有一些未正式描述种和无效种存在。马门溪龙属的体型差异很大,最小的"广元马门溪龙"体长只有10米左右,而著名的合川马门溪龙体长则达到22米,井研马门溪龙体长26米。中加马门溪龙最初推测为体长

第六章　中国恐龙之乡——四川

26 米，但是根据在非正式文献上其颈椎最长 1.4 米，颈肋长 4 米的记录来按比例推测，它的体长很可能达到惊人的 35 米以上，甚至比 2006 年暑假期间中国科学院古脊椎动物与古人类研究所在新疆昌吉奇台发现的巨型马门溪龙还要长。

有趣的是，马门溪龙本来不应该叫"马门溪龙"，而应该叫"马鸣溪龙"，这是因为最早被科学记录和命名的马门溪龙的模式种——建设马门溪龙最早发现是在四川省宜宾市的马鸣溪渡口（其实在 1947 年就在甘肃省永登发现了马门溪龙化石，但是后来才得到研究，最初被归入和宜宾市相同的种——建设马门溪龙，后归入合川马门溪龙），所以属名叫做马鸣溪龙属，意思是马鸣溪发现的蜥蜴，但是马鸣溪龙的命名者，即当时中国科学院古脊椎动物与古人类研究所所长，中国科学院院士杨锺健先生是陕西人，说话有很重的口音，把"马鸣溪龙"说成了"马门溪龙"，而中国科学院的第一任院长郭沫若在听后就真写成了"马门溪龙"，从那以后的宣传中也多用"马门溪龙"，所以后来约定俗成就成了"马门溪龙"。

马门溪龙最大的特点是超长的脖子，其颈椎数目也是恐龙中最多的，达到 18 到 19 个；而其他的长颈恐龙，比如峨嵋龙和盘足龙有 17 个，梁龙和迷惑龙只有 15 个，布氏腕龙和圆顶龙只有 13 个，脖子更短一些的蜀龙只有 12 个，而我们人和

长颈鹿等大部分真兽类都只有7个。马门溪龙的颈椎不仅多,而且长,以著名的合川马门溪龙为例,其最长的一个颈椎有70厘米长,最长的颈肋有2米长,整个脖子有10米左右;而前面提到过的中加马门溪龙最长颈椎长1.4米,最长颈肋长4米,比波塞东龙的最长颈椎1.2米,最长颈肋3.42米还长。而且我们知道波塞东龙所属的腕龙科只有13个颈椎,所以中加马门溪龙很可能是目前已知脖子最长的动物。

最初发现的几具马门溪龙虽然头后骨骼都大多比较完好,但是缺缺失了头骨,于是杨锺健先生根据马门溪龙所具有的典型的前凹型尾椎等特征与在北美洲上侏罗统的莫里森组发现的梁龙比较接近,在给马门溪龙复原的时候选择了一个梁龙式的结构轻巧、低长的头骨,和铅笔形的牙齿。但是后来根据在四川和新疆发现的一些材料,特别是从带有较好的头骨材料的井研马门溪龙,杨氏马门溪龙和在自贡发现的合川马门溪龙的新材料看,实际上马门溪龙应该是具有一个圆顶龙式的头骨,虽然结构比较轻巧,但是头骨短高,有很大的外鼻孔,还具有勺形的牙齿。

在各种马门溪龙中,以在甘肃省兰州市永登县的亨堂组地层,四川省合川县(今重庆市合川县)和自贡市的上沙溪庙组地层发现的合

第六章 中国恐龙之乡——四川

川马门溪龙最为著名,其复原模型装架在成都理工大学博物馆和中国古动物馆等博物馆里有展示,并多次到海外展出。原来在北京自然博物馆也有一具合川马门溪龙模型装架,后来换成了更加巨大的井研马门溪龙。

科学家在对四川省自贡市汇东新区的上沙溪庙组地层出土的一具合川马门溪龙化石进行挖掘的过程中发现了在此前的马门溪龙化石中未发现的后部尾椎,为了解马门溪龙的尾椎数量,后部尾椎结构及其功能提供了大量证据:汇东标本保存了45个尾椎,前26个关联性很好,中后部部分缺失,据专家推测缺失数量可能在50到55个之间;汇东标本的后部尾椎互相愈合,神经弓左右膨大,神经孔变大,神经棘高,被称为"冠状尾",其后可能有类似蜀龙和峨嵋龙的尾锤。

在自贡市的上沙溪庙组地层中发现的杨氏马门溪龙是目前发现的最完整、最重要的马门溪龙,它提供了大量其他马门溪龙化石没有提供的信息,并且带有罕见的完整的头骨和皮肤印痕,为研究马门溪龙的解剖学等提供了大量的证据。杨

科普知识博览

氏马门溪龙正型标本 ZDM 0083 发现于四川省自贡市的上沙溪庙组地层，除部分尾椎大部分骨骼保存完整外，且关联性极好，最珍贵的是其颈椎末端保存有一个完整的头骨和下颌，证明了马门溪龙的头骨为结构比较轻巧的圆顶龙式头骨。而且科学家还在其坐骨远端发现了一块皮肤印痕化石，虽然此前在欧洲、美国和阿根廷都发现过蜥脚类恐龙的皮肤印痕，但是这块马门溪龙的皮肤印痕化石是亚洲首次发现的蜥脚类恐龙的皮肤印痕。这块皮肤化石显示，马门溪龙具有大量直径 6～15 毫米的鳞片，鳞片表面粗糙，多为五边形和六边形，少数为四边形。

张氏大安龙

在上沙溪庙组地层，除了马门溪龙和可能属于马门溪龙的斧溪自

第六章　中国恐龙之乡——四川

鸟臀类恐龙

在上沙溪庙组地层中发现的小型鸟臀类恐龙有两种：拾遗工部龙和鸿鹤盐都龙，其中拾遗工部龙化石较少，只有少量牙齿化石；而鸿鹤盐都龙的材料也不是很完整，但是从牙齿和头骨的形状、肱骨的发育状况看，鸿鹤盐都龙明显要比下沙溪庙组的劳氏灵龙和多齿何信禄龙更接近棱齿龙科，所以鸿鹤盐都龙有可能是属于真正

贡龙以及材料较少的斧溪峨嵋龙外，科学家还发现了一种体型较小的蜥脚类恐龙——张氏大安龙。从张氏大安龙的额骨形状、颈椎长度和背椎神经棘为横宽的板状等方面看，它属于和马门溪龙类完全不同的种类，从其特征分析，它很可能代表了一类原始的大鼻龙类。在其原始文献，大安龙被归入了腕龙科巧龙亚科，后来又被归入了圆顶龙科巧龙亚科，而从我们已掌握的资料来看，大安龙确实和新疆发现的苏氏巧龙比较接近。

侏罗纪时代——恐龙　115

的鸟脚类恐龙。

剑龙类恐龙

在上沙溪庙组地层中还发现了大量的剑龙类恐龙化石，其中包括四川巨棘龙、多棘沱江龙，或多背棘沱江龙、江北重庆龙、关氏嘉陵龙和"济川营山龙"等，不过"济川营山龙"并未被正式描述，而关氏嘉陵龙和江北重庆龙的材料也不完整，所以我们这里主要描述的是四川巨棘龙和多棘沱江龙。

根据四川巨棘龙的外下颌孔、牙齿、背椎结构和四肢比例来看，四川巨棘龙是一类原始的剑龙类，在系统上甚至比华阳龙还要原始。四川巨棘龙最重要的地方在于它的化石带有两个大逗号般的副肩棘，这一结构最早在 20 世纪初的英国就已有发现，后来在非洲的肯氏龙化石里也有发现，不过当时它被其研究者放在了腰带的肠骨上，成为"副荐棘"，直到 1985 年挖掘出关联性极好的四川巨棘龙以后才证明这对大逗号般的骨骼是长在肩部的，应该叫做副肩棘。科学家还在四川巨棘龙的正型标本 ZDM 0019 的副肩棘基部发现了一块皮肤印痕化石，虽然鳞片的大小会随着身体部位的不同而变化，但是这块皮肤印痕化石表明剑龙类的鳞片很可能都是比

第六章 中国恐龙之乡——四川

较小的多边形,而且比较粗糙。

多棘沱江龙和在北美洲上侏罗统的莫里森组和葡萄牙的卢连雅扬组发现的剑龙属比较接近,都具有前齿骨小,反关节突不发育,上颞孔退化,眶前孔退化消失,三块眶上骨;背椎神经棘非常高,神经弧向后逐渐加高,肠骨前突发育,具有骨板和尾刺等典型的进步剑龙类的特点。但是沱江龙的上枕骨不构成枕骨大孔,上颌骨纤细,牙齿不对称,上颌齿重叠,胸骨形状、荐椎和荐孔的数目明显不同于剑龙。而且沱江龙的骨板的形状也和剑龙的不同,沱江龙的骨板为三角形,而剑龙的骨板更加宽大。另外,沱江龙的骨板数目据推测可达17对,是剑龙类中最多的。

这里值得一说的是,四川巨棘龙和多棘沱江龙等剑龙类的骨板实际上是一种外部骨骼,它生长在剑龙类的颈部到尾部,剑龙这个名字就来自这种骨板,意思是带"屋脊的蜥蜴"。过去人们都认为剑龙类的骨板很可能具有防御功能,近年来人们则普遍认为剑龙类的骨板可能具有调节体温的作用,但是最近这种学说因为骨板上可能的血管结构而被否定、抛弃。目前,大部分古生物学家认为剑龙类的骨板具有的可能是炫耀和同类间互相辨别的作用。

四川自贡大山铺

自贡,位处四川省省会成都市西南大约240公里处。自贡以"中国盐都"而闻名,因为从汉朝(公元前202年到公元后220年)开始,自贡的居民就一直靠汲取自井中的卤水来制造精盐。

生产恐龙残骸的侏罗纪陆相沉积地层广泛分布在自贡地区,而大山铺则是寂静地坐落于自贡市东北隅11公里的一角,恐龙坟场就埋葬在这个小镇的东缘长达一亿多年。最早的恐龙骨是1972年当地的一位地质工作者在野外工作时偶然采集到的,之后恐龙骨被送到了北京古脊椎动物研究所以及自贡的井盐博物馆。在轰轰烈烈的文化大革命期间,没有人有闲暇进行挖掘工作。直到1976年,一支古生物(化石)

第六章 中国恐龙之乡——四川

保存研习队在此进行挖掘工作，发掘出了侏罗纪中期在大山铺的沙溪庙组岩层中的一具大型不完整的蜥脚类恐龙骨架。经过命名，它变成了李氏蜀龙的原型标本。今天，这里已经成为了举世闻名的侏罗纪中期的大山铺恐龙公园（坟场）。

1979年，是中国恐龙挖掘研究史上的另一个崭新的里程碑。因为正是在这一年，北京古脊椎动物与古人类研究所联合重庆博物馆组成了考察队伍，针对四川盆地的中生代脊椎动物化石进行了挖掘工作。1979年12月17日，在这批科学家进驻之前，现址已经被西南油气公司开挖，他们原本是打算建立一个停车场的，结果却使大量的化石裸露了出来。挖掘大山铺恐龙埋藏现址的工作从1979年一直持续到了1981年，从1981年至1982年的5月，挖掘工作由四川省文物局组成的队伍接手执行。到那

科普知识博览

时为止，已有超过40吨的恐龙化石已被北京古脊椎动物所、重庆市博物馆与自贡盐业历史博物馆发掘出土，总计有超过8000件骨骼残骸被挖掘。其中有些骨骼是单一的，有些则是连接在一起以构成骨架的一部分的。

在自贡大山铺恐龙群窟里，生活有四个属的蜥脚类恐龙——原颚龙、蜀龙、酋龙与峨眉龙。它们可以分成为两个族群，即短颈的原颚龙与蜀龙，长颈的峨眉龙与酋龙。这个发掘随即在对蜥脚类恐龙的系统分类上建构了一个亲缘系谱上可能的分类特征：

（1）短颈的蜀龙最为知名，总共12具以上的完整骨架和3个保存极佳的头骨先后出土。许多骨架就是以原始死亡埋藏的姿态展示出来的。

第六章　中国恐龙之乡——四川

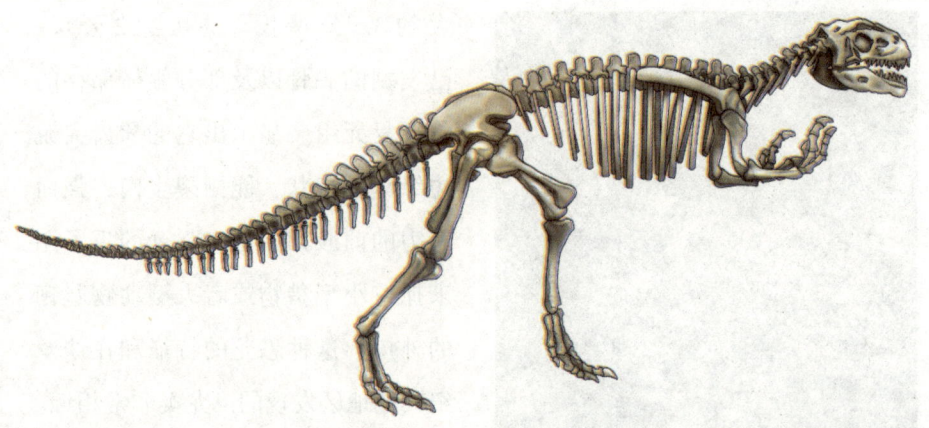

（2）李氏蜀龙为兽脚类，是中型而且尚未特化的种属。其牙齿高而细，像铲子似的；总计有四颗前颌齿，17到19颗颌齿以及21颗臼齿；颈椎很短，后凹椎具有低平的神经弓与神经棘，后段的颈椎约为背脊椎的1.2倍长，背部的神经棘很高耸。根据其趾数尚未减少这点可以推断其为非常原始的型态，且其前三趾端都具有爪子构造。

（3）酋龙是一种大型而原始的蜥脚类，有一个硕大厚重的脑袋，牙齿很大呈铲状，颈椎硕长，具有分叉的神经棘分布在其后段，一直延续到背脊椎的前段。它的腰带是典型的侏罗纪晚期蜥脚类的构造，具有四块接合的脊椎；背脊椎为平凹型，而尾椎则呈双平型。酋龙和发掘自澳洲大陆昆士兰地区侏罗纪中期的瑞特龙神似，而和峨眉龙、马门溪龙相比较，酋龙则更像是原始型。

（4）峨眉龙是一种中型长颈的蜥脚类恐龙，总计发掘出了4个不同的种，分别被命名为：荣县峨眉龙、釜溪峨眉龙、天府峨眉

科普知识博览

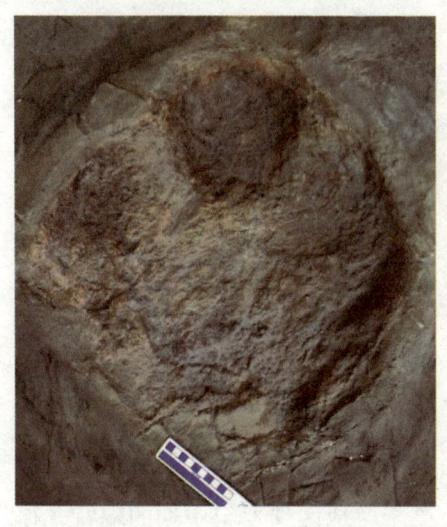

龙与罗泉峨眉龙。其中，天府峨眉龙是一种大型的蜥脚类恐龙，估计长度超过20公尺。它硕长的脖子具有17块颈椎，最长的颈椎骨比背脊椎长3.5倍，与蜀龙相比，天府峨眉龙的神经棘更加低平，而侧腔则较宽广。天府峨眉龙尾端有一个骨质的尾锤，作用是抵御攻击，其功能与甲龙类膨大的尾锤类似。

（5）汽龙在侏罗纪中期的蜀龙动物群里是一种活跃敏捷的掠食者，它属于中等体型的肉食性恐龙，大约3.5公尺长，高可达2公尺。已发掘的头骨以及部分躯体保存的骨架复元组装显示出它的牙齿尖锐边缘呈锯齿状，能撕裂生肉，强而有力的前肢则装备有强劲的爪子用来抓持小型猎物或者大型动物坚韧的外皮。这种恐龙的特征和在侏罗纪其他地区发现的巨龙类非常相近。

（6）在大山铺遗址中，有两种小型的鸟脚类恐龙也值得一提：大山铺晓龙与洛氏敏龙。其中洛氏敏龙是一种小型的法布龙类，它的种名是根据美国地质学家Louderback而命名的，以纪念他是在四川盆地发掘到恐龙化石的第一人的功绩。洛氏敏龙化石包括有几近完整的骨架完美的头颅，以及从幼体到成年

侏罗纪时代——恐龙

第六章 中国恐龙之乡——四川

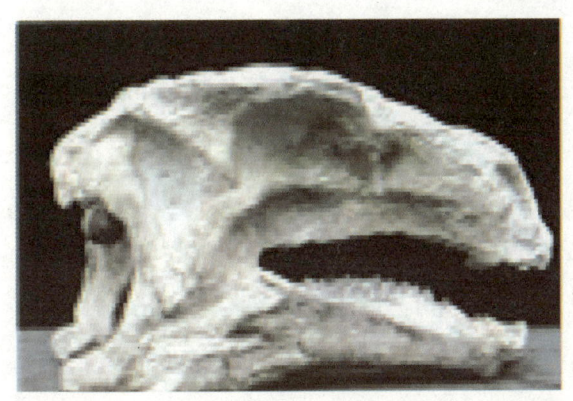

个体不一而足的残骸。它二足行走的植食性动物,头骨很小且具有小型叶状齿列。

(7)太白华阳龙属于极为原始型的剑龙类,大约有4.5公尺长,头骨非常厚重而狭长,像楔子一样,上面存在有两到三个眶上骨;颚上有一个小型的眶前开孔,大颚上又有发育良好的尺骨冠状突起,上隅骨上则有一个小型后方孔。它的颚前排列有6~7颗叶片状小齿,背脊骨板是从颈项到尾端对称排列的,但形状稍异,肩部则有一对特大型的骨板。大山铺总计挖掘出了12具华阳龙的个体,其中完整的两具骨架经过复原装架,现分别陈列在自贡恐龙博物馆以及重庆市立博物馆中。

(8)华阳龙是剑龙类中最早期的代表族群,也是侏罗纪中期剑龙家族中保存最完整的一群。其骨架明显呈现了剑龙的典型特征,包括短小的前肢、低垂的颈项以及几乎触地以觅食植物的头颅,背脊上排列有两排窄而高耸且极尖锐的骨板。

现在,大山铺恐龙坟场已经被公认是中国及全世界恐龙埋藏遗址中最丰富也最重要的地点之一,挖

科普知识博览
Ke Pu Zhi Shi Bo Lan

掘地点涵盖了2800平方公尺的面积，挖掘工作至今仍在持续进行中。据估算，该区域中含有化石的面积有超过20000平方公尺之广。

这个遗址的重要性不仅仅在于这里的恐龙化石，尤其是极其珍稀的侏罗纪中期的恐龙族群化石含量丰富，还在于其生物种的多样性令人叹为观止。这个侏罗纪中期的恐龙动物群对于我们认识中生代陆相脊椎动物而言是划时代的突破，因为它正好补充了这一段恐龙演化史环节中的缺失部分。

1987年春季，一座崭新的博物馆——自贡恐龙博物馆在现址上拔地而起，成为亚洲有史以来第一个恐龙专业（门）博物馆。这座宏伟的博物馆是一座典型的现址博物馆，因为它是架构在含化石的地基岩层之上，并且保存现址未经破坏的。自贡恐龙博物馆门厅石壁上铭刻着"恐龙群窟，世界奇观"，它与美国犹它州的国立恐龙遗址纪念馆、加拿大的阿尔伯托省的恐龙公园一起，被誉为"世界三大恐龙现址博物馆。"

第七章 地质年代拓展知识

在恐龙生存的地质年代那章，我们已经介绍过太古代、元古代、古生代、中生代和新生代的基本情况：古生代分为寒武纪、奥陶纪、志留纪、泥盆纪、石炭纪和二叠纪共6个纪，中生代分为三叠纪、侏罗纪和白垩纪共3个纪，而新生代只有第三纪、第四纪两个纪。之前我们在文章中已经大致阐述了这些不同地质年代的特点，实际上除了上面所讲的那些以外，关于地质年代还有很多有趣的知识，本章我们就来给大家作一个系统的阐述，作为对前面所述内容的补充。

第七章 地质年代拓展知识

 寒武纪

寒武纪常被称为"三叶虫的时代",因为寒武纪岩石中保存有比其他类群更为丰富的矿化的三叶虫硬壳。当时出现了丰富多样且比较高级的海生无脊椎动物,保存了大量的化石,从而使科学家们有可能研究当时生物界的状况,并能够利用生物地层学方法来划分和对比地层,进而推测出有机界和无机界比较完整的发展历史。但澄江动物群告诉我们,现在地球上生活的多种多样的动物门类早在寒武纪开始不久后

寒武纪是地质年代划分中属显生宙古生代的第一个纪,距今约5.1～5.4亿年,是现代生物的开始阶段,是地球上现代生命开始出现、发展的时期。寒武纪对我们来说是十分遥远而陌生的,因为那个时期的地球大陆特征与今天是完全不同的。

侏罗纪时代——恐龙

科普知识博览

就几乎同时出现了。

寒武纪是显生宙的开始，标志着地球生物演化史新的一幕。在寒武纪开始后的短短数百万年时间里，包括现生动物几乎所有类群祖先在内的大量多细胞生物突然出现，这一爆发式的生物演化事件被称为"寒武纪生命大爆炸"。寒武纪的生物形态很奇特，和现在地球上所能看到的生物极不相同，比较著名的有早寒武世云南的澄江动物群和加拿大中寒武世的布尔吉斯页岩生物群。最古老的鱼种也出现在这个时代，即耳材村海口鱼，该化石是在澄江动物群中发掘出来的。寒武纪的生物界以海生无脊椎动物和海生藻类为主，无脊椎动物的许多高级门类如节肢动物、棘皮动物、软体动物、腕足动物、笔石动物等也都各有代表，它们以微小的海藻和有机质颗粒为食物。其中，最繁盛的是节肢动物三叶虫，其次是腕足动物、古杯动物、棘皮动物和腹足动物。此外，古杯类、古介形类、软舌螺类、牙形刺、鹦鹉螺类等也相当重要。抛开牙形石不说，高等的脊索动物还有许多其他代表，如我国云南澄江动物群中的华夏鳗、

▶ 侏罗纪时代——恐龙

第七章 地质年代拓展知识

云南鱼、海口鱼等，还有加拿大布尔吉斯页岩中的皮开虫和美国上寒武统的鸭鳞鱼。

在寒武纪潮湿的低地中，可能分布有苔藓和地衣类的低等植物，但当时的它们还没有真正的根茎组织，难以在干燥地区生活；无脊椎动物也还没有演化出适应在空气中生活的机能。所以寒武纪时期并没有真正的陆生生物，大陆上缺乏生气，荒凉一片。

古生物学引用"大爆发"一词来形容生物多样性突然爆发式出现的情况。根据寒武纪开始时痕迹化石和小壳化石的突然多样性和复杂性，"寒武纪大爆发"的理论在澄江动物群发现之前就已提出，但人们对"寒武纪大爆发"所产生的动物及动物群落结构特征仍所知甚微，就连著名的加拿大布尔吉斯页岩动物群化石也比"寒武纪大爆发"晚了1000多万年，根本无法回答寒武纪初期海洋中具体有什么生命存在。而澄江动物群的地质时代正处于"寒武纪大爆发"时期，它让我们如实看到了5.3亿年前动物群的真实面貌。人们由此得知，各种各样的动物在"寒武纪大爆发"时期迅速产生并发展起来，现在生活在地球上的各个动物门类在当时几乎都已同时存在，并不是经过长时间的演化慢慢变来的。

澄江动物群

　　1984年7月1日,科学家在云南澄江县帽天山首次发现了现已闻名于世的澄江动物化石群,并立即进行了大规模系统采集。科学家在1984年和1985年的野外地质调查中发现,澄江生物化石群分布广泛,在滇东地区下寒武统筇竹寺组玉案山段中的泥质岩层中均有发现,其时代为寒武纪早期,距今约5.3亿年。虽经历了5亿多年的沧桑巨变,这些最原始的各种不同类型的海洋动物软体构造仍保存完好,栩栩如生,是目前世界上所发现的最古老、保存最好的一个多门类动物化石群。它生动如实地再现了当时海洋生命的壮丽景观和现生动物的原始特征,为研究地球早期的生命起源、演化、生态等理论提供了珍贵证据。澄江动物化石群的发现,轰动了世界科学界,被称为"20世纪最惊人的发现之一"。

第七章　地质年代拓展知识

奥陶纪

奥陶纪分早、中、晚三个世。奥陶纪是地史上海侵最广泛的时期之一，当时在板块内部的地台区，海水广布，表现为滨海浅海相碳酸盐岩的普遍发育，而板块边缘的活动地槽区则为较深水环境，形成了厚度很大的浅海、深海碎屑沉积和火山喷发沉积。奥陶纪末期曾发生过一次规模较大的冰期，其分布范围包括非洲特别是北非、南美的阿根廷、玻利维亚以及欧洲的西班牙和法国南部等地。

当时气候温和，浅海广布，世界上许多地方（包括我国大部分地

海百合、介形类和牙形石等也很多,节肢动物中的板足鲎类和脊椎动物中的无颌类(如甲胄鱼类)等也均已出现。奥陶纪中期,在北美落基山脉地区出现了原始脊椎动物异甲鱼类——星甲鱼和显褶鱼,在南半球的澳大利亚也出现了异甲鱼类,植物则仍以海生藻类为主。

奥陶纪时期的海洋生物是现代动物的最早祖先,从发现的化石来看,主要有以下几种:

(1)鱼类。奥陶纪出现的最早的鱼类是无颌类,它们没有上下颌,嘴很宽,头的边缘长着奇怪的骨板。有人认为也许这些骨

方)都被浅海海水掩盖。奥陶纪的生物界较寒武纪更为繁盛,是海洋无脊物动物的全盛时期,化石以三叶虫、笔石、腕足类、棘皮动物中的海林檎类、软体动物中的鹦鹉螺类最为常见,珊瑚、苔藓虫、

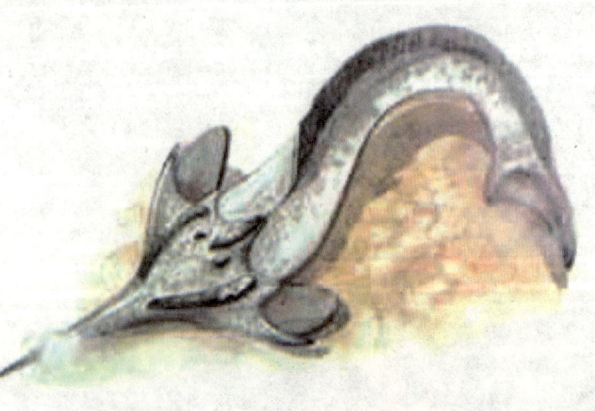

第七章 地质年代拓展知识

板是发电器官,是它们用来感觉距离或电击捕食动物的。无颌类的摄食方法是将含有微小动物和沉积物的水吸入口中,而它们在

海底的游泳方式也很特别,可能是尾巴向上的。

(2)三叶虫。奥陶纪海洋里生活着500多种三叶虫。这虽然没有寒武纪时期的种类多,但其数量仍是巨大的,也许这就是今天的三叶虫化石如此普遍的原因之一。

三叶虫化石之所以很容易找到,不仅因为它们数量大,而且因为它们会定期脱去外壳,外壳落入

侏罗纪时代——恐龙　　133

古海底，被掩埋起来，逐渐变成化石。在世界各地的海相岩石中，科学家已发现了几千种不同的三叶虫，有的长着长刺以对付捕食动物，有的则将眼睛长在长柄上，这样即使埋在泥沙里，它们仍能看见外面。三叶虫能够在海底游泳或爬行，它们防御捕食动物的方法可能是像今天的犰狳一样，即将带壳

的身体蜷缩成球状。从三叶石化石上有被咬的痕迹来看，当时的海洋里应该有其他生物是以三叶虫为食的。

（3）笔石

笔石是奥陶纪最奇特的海洋动物类群，它们自早奥陶世开始即已兴盛繁育，分布广泛。笔石是一类微小的蠕虫状生物，它们像今天的珊瑚虫一样群体生活。整个笔石群体仅有5厘米长，它们漂流在海面上，吃浮游生物，和今天鲸类所吃的大量微小海洋生物是一样的。笔石对于科学家来说是特别重要的，

第七章　地质年代拓展知识

因为它们在一个较长的时期里是逐渐变化的，而科学家则能够根据发现的笔石的种类来判定其他海洋生物化石的年龄。

（4）牙形石

牙形石化石很小，只能放在显微镜下研究。它们大多数形状像细长的圆锥，一些看起来像带尖的耙子或梳子，另一些像锯齿状的小棒或凹凸不平的刀刃，还有的甚至像树叶。这种动物体长可达5厘米，看起来像长着凸出的大眼睛和一条尾鳍的小鳗鱼。产自苏格兰和南非的化石表明，牙形石来自于没有骨骼和上下颌的鱼形动物，它们每一个体头的底部都有许多种牙形石，用来挖或咬。

（5）腕足动物

腕足动物在这一时期演化迅速，大部分类群均已出现，无铰类、几丁质壳的腕足类逐渐衰退，钙质壳的有铰类则盛极一时。腕足类乍

科普知识博览

（6）鹦鹉螺

鹦鹉螺在奥陶纪时期进入繁盛时期，它们身体巨大，是当时海洋中一种凶猛的肉食性动物。正是由于大量食肉类鹦鹉螺类

看起来很像双壳类，但并没有多大关系，它们壳的大小和曲线都不相同。腕足类现在比较稀少，但在4.5～5亿年前，它们远比双壳类常见。

的出现，为了生存，三叶虫便在胸、尾部长出许多针刺，以逃避食肉动物的袭击或吞食。

（7）珊瑚

珊瑚自中奥陶世开始大量出现，复体的珊瑚虽说还较原始，但已能够形成小型的礁体。海洋无脊椎动

第七章 地质年代拓展知识

物的大发展，导致在前寒武纪时非常繁盛的叠层石在奥陶纪时急剧衰落。

（8）双壳类

双壳类是像现生蛤蜊一样的带壳动物，身体分成相同的两半。

另外，在奥陶纪晚期，即约4.8亿年前，首次出现了可靠的陆生脊椎动物——淡水无颚鱼。淡水植物据推测可能在奥陶纪也已经出现。

侏罗纪时代——恐龙

海 侵

海侵又称海进,是指在相对短的地史时期内因海面上升或陆地下降而造成海水对大陆区侵进的地质现象。通常,海侵是海水逐渐向时代较老的陆地风化剥蚀面上推进的过程。一个海侵面就是一个不整合面,也是一个典型的穿时面。海侵的结果是常形成地层的海侵序列;沉积物自下而上,由粗变细或由碎屑岩变为碳酸盐岩;沉积时的海水由浅变深;陆相沉积逐渐演变成海陆交互相沉积,继而演变成海相沉积。海侵成因主要包括以下几个方面:

(1)气候变化。如极地气候变暖导致冰川融化,海面上升,造成全球性海侵。反之则形成海退。

(2)地球自转速度变化。速度加快,赤道地区海侵,两极地区海退;速度减慢,赤道地区海退,两极地区海侵。

(3)构造运动。如洋中脊扩张加快、体积增大,可在两岸地区发生海侵。

(4)地球的膨胀或收缩。膨胀导致全球性海侵,收缩则造成全球性海退。

总的来看,海侵(或海退)可由一种因素引起,也可能由几种因素的叠加所致。

第七章 地质年代拓展知识

志留纪

　　志留纪是古生代第三个纪,这一时期是笔石的时代,也是陆生植物和有颌类出现的时期。由于志留系在波罗的海哥德兰岛上发育较好,因此曾一度被称为哥德兰系。

　　志留纪可分早、中、晚三个世。一般说来,早志留世到处形成海侵,中志留世海侵达到顶峰,晚志留世

各地有不同程度的海退和陆地上升,表现了一个巨大的海侵旋回。志留纪晚期,地壳运动强烈,古大西洋闭合,一些板块间发生碰撞,导致一些地槽褶皱升起,古地理面貌巨变,大陆面积显著扩大,生物界也发生了巨大的演变,这一切都标志着地壳历史发展到了一个转折时期。

志留纪地层在世界范围内分布很广,当时的浅海海域广泛分布于如今的亚洲、欧洲和北美洲的大部分地区以及澳大利亚、南美洲的一

第七章 地质年代拓展知识

兰多维利世或可能的文洛克世最初期。华南是中国志留系研究的标准地区，研究基础最好。过去划分的龙马溪组、罗惹坪组和纱帽组分别被归入了下、中、上志留统，但部分地区，非洲和南极洲除个别小区外，其余均为陆地。中国的志留系分布不如奥陶系广，整个华北地区一般都缺失了志留纪地层，大部分华南地区的志留纪地层也只限于科学家经近年研究后，认为应全部归入早志留世兰多维利统。

志留纪的分层系统及标准化石分带是采用各地的资料综合确立的。英国被视作国际志留系研究的标准地区，兰多维利、文洛克和罗德洛3个统均在英国确立。此外，在挪威南部、加拿大东部的安蒂科斯蒂岛、瑞典的哥德兰岛、乌克兰的波多利亚地区、捷克和斯洛伐克的布拉格附近地区也都有发育良好的志留纪不同时期的地层和生物群。

中国的志留系除中期地块外，分布较广。兰多维利统在扬子地区发育最好，是研究兰多维利统必不可少的关键地区。在扬子地区的兰多维利

世，初期为含笔石的黑色页岩和页岩，以龙马溪为代表；中、晚期普遍出现壳相层和碳酸盐地层；晚期在扬子地区的北缘出现生物岩礁和海相红层。兰多维利世之后，扬子地区普遍上升成陆。

志留纪时期全球主要的地块有冈瓦纳、劳伦、欧洲（波罗的海）、西伯利亚、科累马、哈萨克斯坦、中朝、塔里木、华南等9个。其中最大的是冈瓦纳地块，集中在南半球的高纬度区，其他地块则分布在当时的中、低纬度区，特别是低纬

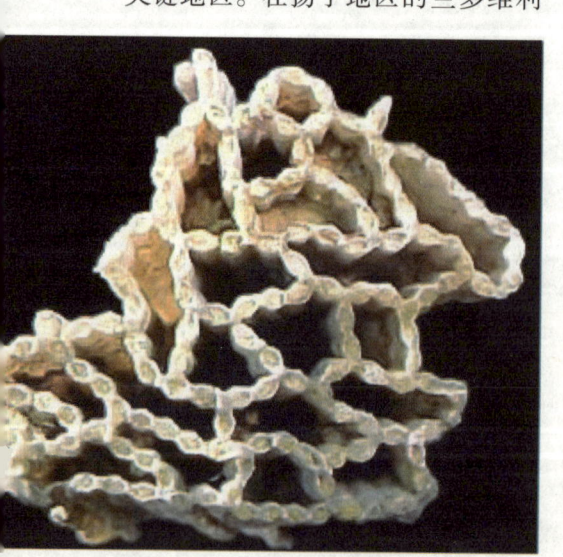

第七章 地质年代拓展知识

个板块之间。无论是动物群特征还是海相红层等沉积特征都表明，塔里木介于中朝与华南二板块之间。

志留纪时期的深水洋盆的沉积物很少有保存下来的，这是因为地质历史中的多次板块之间的碰撞和俯冲使之几乎丧失殆尽，目前保存下来的都是当时大陆架至陆坡的沉积物。志留纪各大板块是陆表海和陆棚浅海广布的时期，台地碳酸盐发育最为广泛，其中以北美洲最为典型。它的中部广泛分布着台地型的浅水碳酸盐相，包括美国中部、

度区。介于劳伦和欧洲两大板块之间的海洋为古大西洋，这一古洋在加里东末期一度闭合，形成加里东褶皱带，劳伦板块与其之间的前阿巴拉契亚洋闭合后形成阿巴拉契亚褶皱带。劳伦板块与欧洲板块在志留纪末期相遇碰撞，形成广泛沉积老红砂岩的欧美大陆。当时的西伯利亚板块与其现今的地理方位几乎转了180°。哈萨克斯坦板块由数个中间地块联合而成，介于西伯利亚与塔里木两

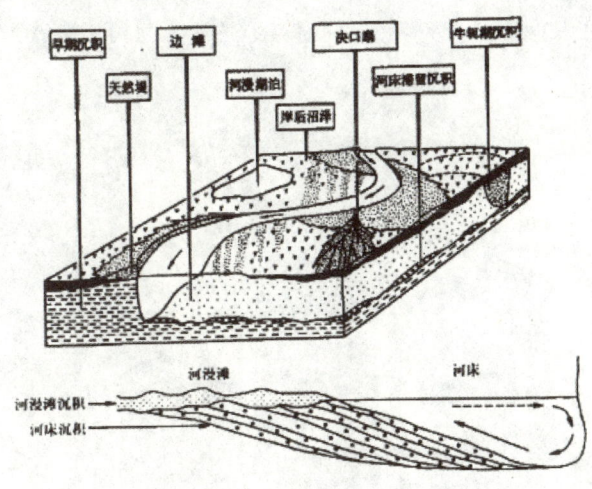

侏罗纪时代——恐龙

西部和加拿大西部的白云岩套，以及加拿大东部及白云岩套周缘的石灰岩套。在北美洲的西缘出现了明显的岩相分异，即由白云岩套向西变成灰岩、泥岩过渡相带，再向西变成碎屑岩相带。北美洲的东缘也有类似的岩相分异，即向东由台地碳酸盐岩变为碎屑岩相带。欧洲大陆特别是波罗的海沿岸、中欧、东欧主要是台地型的间夹盆地的笔石页岩沉积，至西欧出现台地碳酸盐岩至台缘斜坡笔石页岩的明显岩相、生物相分带。西伯利亚地台上沉积碳酸盐岩和笔石泥岩的志留纪地层厚度甚小，而其周缘的活动带则转为巨厚的碳酸盐岩及火山复理石建造。华南板块乃至西藏中间地块及它们的周缘活动带，都是以为主间夹碳酸盐岩的沉积。华南板块志留纪岩相、生物相的分异也十分典型，即西部碳酸盐岩和碎屑岩的台地型沉积，含壳相及笔石动物群；东部

第七章 地质年代拓展知识

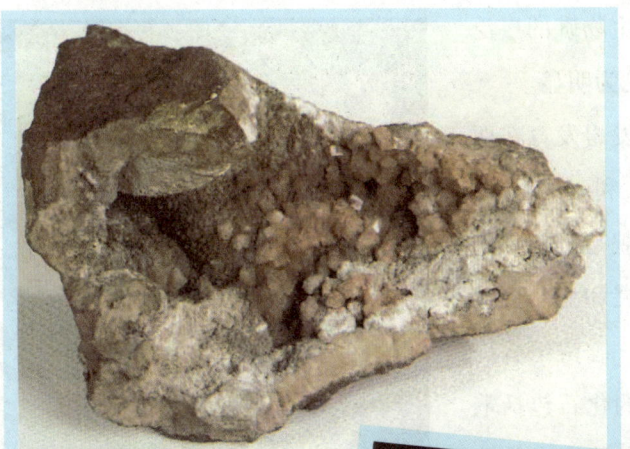

岭的志留系中的小型藻煤已具开采价值，并伴有铀、钒、钼、镍、钴等元素。另外，志留系的灰岩、白云岩都是建筑材料和水泥的重要原料。

志留纪初期，南为碎屑岩及复理石的盆地沉积，含笔石动物群。志留纪的冈瓦纳大陆，包括了非洲、大洋洲和南美洲的广大地域。

志留纪是一个沉积矿产贫乏的时期，主要的沉积矿产是北美地台上的克林顿沉积铁矿。美国铁矿的10%、盐矿的20%和少量油气资源均来自志留纪地层。阿尔及利亚、利比亚和撒哈拉中部的，大部分也来自志留纪地层。此外还有西伯利亚、科累马和澳大利亚西部蒸发岩系中的膏盐矿，以及澳大利亚东部的金矿和锡矿。在中国志留系中，黑色页岩中的放射性元素富集，特别是西秦岭地区。而东秦极冰盖迅速消融，导致志留纪海洋和大气环流减弱，纬向气候分带不明显，深海部分相对较暖，含氧量较低，易成滞流。因此，除高纬度的冈瓦纳大陆外，其他各板块大都处于干热或温暖的气候条件下，这种全球性的温暖气候主要反映在：

（1）志留纪特别在兰多维利世初期，全球广布黑色笔石页岩，表明了滞流环境的普遍性。

侏罗纪时代——恐龙　145

（2）碳酸盐岩和生物礁的广泛分布，在北美和北欧尤为明显。

（3）志留纪的蒸发岩发育在西伯利亚、科累马和澳大利亚等地区。

志留纪的生物面貌与奥陶纪相比，有了进一步的发展和变化。就海生无脊椎动物而言，志留纪有许多独特之处，最常见的化石包括笔石、腕足类、珊瑚等。笔石以单笔石类为主，如单笔石、弓笔石、锯笔石和耙笔石等，它们是志留纪海洋漂浮生态域中最引人注目的一类生物。笔石分布广，演化快，同一物种可以在世界上许多洲发现。笔石根据演化的阶段特征及特殊类型的地质历程，在地层对比中有相应

的独特价值。志留纪分统分阶的界线确定也主要依赖于笔石带。

腕足动物的数量相当多，在浅海平底底栖生物中常占有绝对优势。所以，志留纪时代又被誉为腕足类的壮年期。这时的腕足动物通常个体较大、铰合线短，发育匙形台和腕器官的五房贝族是最具特征的一类代表，它们始见于晚奥陶世，到志留纪

第七章 地质年代拓展知识

达于鼎盛；具腕螺、铰合线较长的石燕族始见于志留纪最早期，但它的起源至今还是个谜；具腕螺、铰合线短的无洞贝族和无窗贝族自奥陶纪延续上来之后，一直稳定发展；在奥陶纪达于极盛的正形贝和扭月贝两大族，到志留纪则有明显衰落。

珊瑚和层孔虫也是志留纪较繁盛的两个门类，常见于生物礁、生物丘和生物层中。志留纪的珊瑚包括四射珊瑚、床板珊瑚和日射珊瑚，数量和属种类型繁多，至泥盆纪达于鼎盛。层孔虫的最盛期也在泥盆纪，所以志留纪是它们的准备期。这些生物都是今日海洋中早已灭绝了的，它们在地理分布上有明显的区域性，但因其幼虫阶段可以浮游，故其有可能广泛分布在合适的环境中。

腹足类和双壳类到志留纪仍在继续缓慢地发展。它们在整个古生代，无论在丰度还是分异度上，都不如腕足类。腹足类和双壳类在今日海洋中占优势，所以研究它们

第七章 地质年代拓展知识

的生态及其生活环境，对于认识远古时期的这两个门类有重要的意义。

与奥陶纪相比，志留纪头足类中的鹦鹉螺明显减少，如奥陶纪常见的内角石类至志留纪时已绝灭了，没有新的大类在志留纪中出现。中国南方下志留统顶部的秀山组盛产以四川角石为代表的鹦鹉螺化石，但无论在数量上还是分异度上，都不及奥陶纪。

海百合类是志留纪发育最成功的一种棘皮动物，在中国兰多维利世地层中常见的花瓣海百合和螺旋海百合都是常见代表。它们的个体形状与现代海洋中的相比，差别很大。

在节肢动物中，曾称霸于寒武纪的三叶虫，经过奥陶纪一度繁盛之后，到志留纪明显衰落。在局部

侏罗纪时代——恐龙

地区和层段，地方性分子仍常见，并具有重要的地层对比意义，中国华南常见的王冠虫、霸王虫等就是例证。介形虫与三叶虫相比，远处于劣势，但局部可以相当丰富。在兰多维利世晚期到普里道利世，介形虫还是有用的标准化石。板足鲎类是志留纪无脊椎动物中最重要的食肉类代表。它们能游泳，初现于奥陶纪，它们最强烈的生态冲击是在志留纪和泥盆纪。与头足类中的菊石族不同，板足鲎类不仅见于海洋中，也能在半咸水甚至淡水中生活。

牙形石在志留纪仍稳定发展，它演化快、分布广，成为继笔石之后，对比志留纪地层的又一重要的化石。几丁虫在某些类型的沉积中也相当丰富，它个体很小，呈黑色，状如瓶颈、棍棒或小球。

志留纪的鱼化石是保存良好且可靠的最早鱼类记录，但比较原始，数量不多。中国志留纪的鱼化石相对较多，最早的代表见于兰多维利世的晚期。

志留纪地层中还有最早的陆生植物化石记录，原因可能是志留纪后期出现了大面积海退，因而半陆生的裸蕨类植物得以进一步繁育。

第七章 地质年代拓展知识

侏罗纪时代——恐龙

泥盆纪

泥盆纪时期是古生代的第四个纪,约开始于4.1亿年前,结束于3.5亿年前,持续了约5000万年。泥盆纪分为早、中、晚3个世,地层相应分为下、中、上3个统。泥盆纪古地理面貌较早古生代有了巨大的改变,表现为陆地面积的扩大,陆相地层的发育,以及生物界面貌的巨大变革。在这一时期,陆生植物、鱼形动物空前发展,两栖动物开始出现,无脊椎动物的成分也有了显著的改变。

第七章 地质年代拓展知识

泥盆纪时期,泡沫型和双带型四射珊瑚相当繁盛,早泥盆世以泡沫型为主,双带型珊瑚开始兴起;中、晚泥盆世以双带型珊瑚占主要地位。另外,此时期内鹦鹉螺类大大减少,菊石中的棱菊石类和海神石类则开始繁盛起来。

竹节石类,始于奥陶纪,泥盆纪一度达到最盛,泥盆纪末期绝灭。其中以薄壳型的塔节石类最繁盛,

早泥盆世裸蕨植物较为繁盛,有少量的石松类植物,多为形态简单、个体不大的草本类型;中泥盆世裸蕨植物仍占优势,但原始的石松植物更为发达,出现了原始的楔叶植物和最原始的真蕨植物;晚泥盆世到来时,裸蕨植物濒于灭亡,石松类继续繁盛,节蕨类、原始楔叶植物获得发展,新的真蕨类和种子蕨类开始出现。

腕足类在泥盆纪发展迅速,志留纪开始出现的石燕贝目成为泥盆纪的重要化石。此外,穿孔贝目、扭月贝目、无洞贝目和小嘴贝目在划分和对比泥盆纪地层中也极为重要。

侏罗纪时代——恐龙

第七章 地质年代拓展知识

光壳节石类也十分重要。牙形石演化到泥盆纪又进入了一个发展高峰,这个时期以平台型分子大量出现为特征。昆虫类化石最早也发现于泥盆纪,陆地上还出现了些淡水蛤类和蜗牛。三叶虫在数量上极大地减少,然而个别特大的种却可大到74厘米长。

泥盆纪是脊椎动物飞越发展的时期,鱼类相当繁盛,各种类别的鱼都有出现,故泥盆纪又被称为"鱼类的时代"。这一时期的淡水鱼和海生鱼类都相当多,这些鱼类包括原始无颌的甲

侏罗纪时代——恐龙

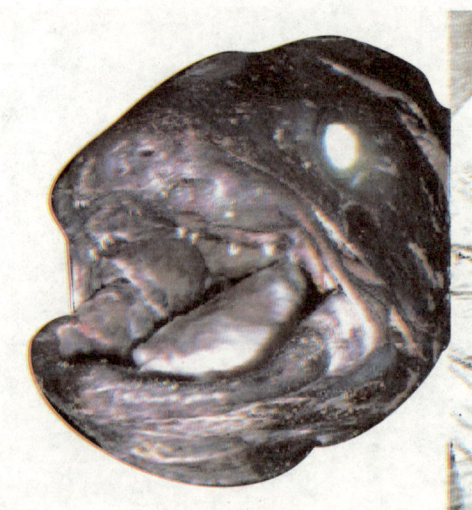

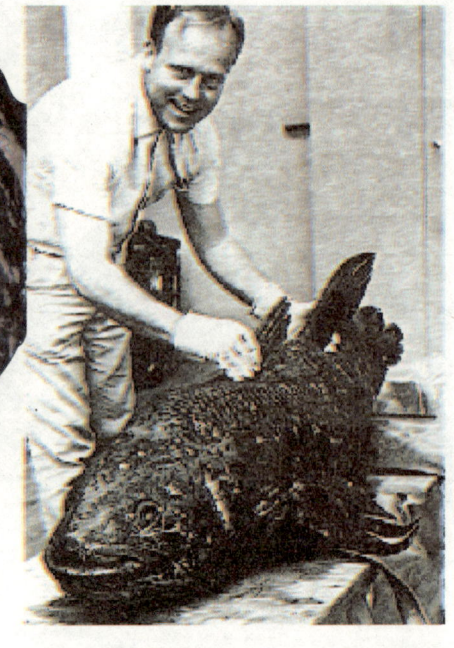

胄鱼类，有颌具甲的盾皮鱼类，真正的鲨鱼类，还有与颌连结起来身长达9米、具重甲的鲨鱼状的节颈鱼类。

这一时期还出现了一种新的类型，即有肺鱼类，一种既有鳃又发育着肺作为辅助呼吸器官的原始类型。这类鱼的某些代表今天仍然活着，形成用鳃呼吸的鱼类和用肺呼吸空气的两栖动物间的一个重要的环节。这类鱼的进化表现在两个方面，一方面是将漂浮囊改变成了原

第七章 地质年代拓展知识

始肺,另一方面则是进化成了成对的阔鳍状的鳍状肢,这也使其能够在水面上生活一个短时期,同时又能在陆地上进行有限的运动。而泥盆纪鱼类的大爆发也显示出从总鳍类演化而来的原始爬行动物——四足类(四足脊椎动物)的出现。

早泥盆世时,北美是一个低洼的大陆,海水甚少,阿巴拉契亚地槽在泥盆纪的大部分时间内接受了沉积。这时期的岩石见于密西西比河谷、大湖区、加拿大西北部和阿巴拉契亚地区。泥盆纪的地层在纽约州发育得最好,这里层序完整,化石丰富。纽约州西部泥盆系出露于亚利桑那、科罗拉多、犹他、怀俄明、爱达荷、蒙大拿和内华达等州,大部分属于中、晚泥盆世。泥盆系也出露于不列颠群岛、德国、法国和苏联,中国和亚洲的其他地区,南非、澳大利亚、新西兰以及南美。在北美地区,泥盆纪末以始于中泥盆的一个造山运动——阿肯特幕的高潮为标记,这次上升中还伴有巨大的火山活动,隆起了从阿巴拉契亚地区经新英格兰到加拿大的沿海各省的山脉。

泥盆系的有些岩石具有重要的经济价值,如阿巴拉契亚地区产玻璃砂,安大略、纽约、俄亥俄和印第安纳产建筑石料,而北美的许多地方则产石油和天然气。

地　槽

地槽是指地壳上的槽形坳陷。地槽具有以下特征：

（1）呈长条状分布于大陆边缘或两个大陆之间，宽可达上百千米，延伸可达上千千米。

（2）具有特征性的沉积建造并组成地槽型建造序列，如硬砂岩建造、复理石建造、硅质－火山岩建造、磨拉石建造等，沉积厚度巨大。

（3）广泛发育强烈的岩浆活动，有细碧－角斑质火山喷发，中、酸性岩浆浅成活动和玄武岩喷发等。

（4）构造变形强烈，普遍发育褶皱和逆冲断层推覆构造等。

（5）区域变质作用发育。

（6）具有成矿专属性，如与中、酸性侵入活动有关的铜、铁、钨、锡矿，与基性超基性岩有关的铬、镍矿等。

（7）地球物理场特点是具有呈现条带状分布的重、磁异常以及高热流值的地热分布。

第七章 地质年代拓展知识

石炭纪

石炭纪是古生代的第5个纪，开始于距今约 2.95～3.55 亿年前，延续了约 6500 万年。石炭纪时陆地面积不断增加，陆生生物空前发展。当时气候温暖、湿润，沼泽遍布，大陆上出现了大规模的森林，给煤的形成创造了有利条件。由于这一时期形成的地层中含有丰富的煤炭，因而得名"石炭纪"。据统计，属于这一时期的煤炭储量约占全世界煤

侏罗纪时代——恐龙

炭总储量的50%以上。

石炭纪也是一个地壳运动非常活跃的时期，这一时期古地理的面貌较以往有了极大的变化。这个时期，气候分异现象也十分明显，如北方古大陆为温暖潮湿的聚煤区，冈瓦纳大陆却为寒冷的大陆冰川沉积环境，这一现象导致了动、植物地理分区的形成。

尽管石炭纪的海生无脊椎动物与泥盆纪比较起来已有了显著的变化，但此时的浅海底栖动物中仍以珊瑚、腕足类为主。在早石炭世晚期的浮游和游泳的动物中，出现了新兴的䗴类，菊石类仍然繁盛，三叶虫已经大部分绝灭，只剩下几个属种。

在石炭纪晚期，脊椎动物演化史出现了一次飞跃，从此摆脱了对水的依赖，以适应更加广阔的生态领域，该类动物以北美宾夕法尼亚早期地层中的林蜥为代表。生活在

第七章 地质年代拓展知识

陆上的昆虫，如蟑螂类和蜻蜓类，是石炭纪突然崛起的一类陆生动物，它们的出现与当时茂盛的森林密切相关，其中有些蜻蜓个体巨大，两翅张开大者可达 70 厘米。最早发现于泥盆纪的昆虫类在石炭纪又得到了进一步的繁盛，已知石炭、二叠纪的昆虫就达 1300 种以上。早石炭世一开始，两栖动物蓬勃发展，主要出现了坚头类（也称迷齿类），同时繁盛的还有壳椎类。

石炭纪还是植物世界大繁盛的代表时期。早石炭世的植物面貌与晚泥盆世相似，古蕨类植物延续生长，但只能适应于滨海低地的环境；晚石炭世植物进一步发展，除了节蕨类和石松类外，真蕨类和种子蕨类也开始迅速发展。

在石炭纪的森林中，既有高大的乔木，也有茂密的灌木。乔木中的木贼根深叶茂，木贼的茎可以长到 20~40 厘米粗，它们喜爱潮湿，广泛分布在河流沿岸和湖泊沼泽地带。石松是另一类乔木，它们挺拔

侏罗纪时代——恐龙　161

162　侏罗纪时代——恐龙

第七章 地质年代拓展知识

雄伟，成片分布，最高的石松可达40米。石炭纪时，早期的裸子植物（如苏铁、松柏、银杏等）非常引人注目，但蕨类植物的数量最为丰富。蕨类植物是灌木林中的旺族，它们虽然低矮，却占据了森林的下层空间，紧簇拥挤，欣欣向荣。可以这样说，今天地球上之所以蕴藏有如此丰富的煤炭资源，是与石炭纪的植物界的繁盛密切相关的。中国是煤炭资源大国，外国科学家们曾经指出，石炭纪森林的广袤和茂密可以从中国所产煤层的厚度上看出来，有的煤层厚度竟然超过了120米，相当于2440米的原始植物质的厚度。

植物是怎样变成煤炭的呢？原来，由于石炭纪的植物种类繁多，生长迅速，它们死后即便有一部分很快腐烂，但仍有许多枝干倒伏后避免了风化作用和细菌、微生物的破坏。石炭纪森林的不少林地是被水浸泡着的沼泽地，死亡后的植物枝干很快会下沉到稀泥中，那里实

际上是一种封闭的还原环境。在这种环境中，植物枝干避免了外界的破坏，并在压实作用和其他作用下缓慢地演变成泥炭。年复一年，由植物形成的泥炭在地层中得到保存，又经历了成煤作用后成为初级的煤炭——褐煤。褐煤是一种劣质煤，还要再经过长时间的压实后，才能形成真正意义上的煤——烟煤。褐煤转化成烟煤要付出巨大的"代价"，据地质学家们推算，0.3米厚的烟煤是由6米厚的像褐煤这样的植物质压缩而成的。

　　石炭纪的气候温暖湿润，有利于植物的生长。随着陆地面积的扩大，陆生植物从滨海地带向大陆内部延伸，并得到空前发展，形成大规模的森林和沼泽，给煤炭的形成提供了有利条件，所以，石炭纪成为地史时期最重要的成煤期之一。此外，石炭纪也是地壳运动频繁的时期，许多地区褶皱上升，形成山

侏罗纪时代——恐龙

第七章 地质年代拓展知识

系和陆地，地形高差起伏，使地球上产生明显的气候分异。按照地理环境的不同，科学家们根据石炭纪的植物分布特点划分出了各具特色的植物地理区，每一植物地理区都有自己的特色植物群和一定的生态特征。

石炭纪森林分布在地球陆地的许多地方，在中国北方的华北平原，就曾保存着石炭纪的广袤森林，山西的煤层应该是最好的证据。在石炭纪时，山西大地历经海水的数次入侵，海陆频频交替。每当海水退却，陆地植物便在温暖潮湿的环境下迅速繁盛，一期又一期的森林就这样生成了。成煤的泥炭沼泽植物林中，主要以石松类、科达类、种子蕨类、真蕨类等为主。

根据石炭纪的珊瑚礁分布，可以推断出早石炭世的赤道带是通过北美洲中部和西北欧经黑海穿过中国西北、华南到达印尼和澳洲东部的。石炭纪同大陆上的古气候相适应的是植物地理区系的分布，欧美植物区和华夏植物区为热带、亚热带气候，冈瓦纳植物区和安加拉植

侏罗纪时代——恐龙

物区分别代表热带以外的南北温凉气候区。世界上各地石炭纪的成煤时期早晚也有差别，分别代表各地区的热带潮湿气候。石炭纪的干旱气候区仅限于一定的地理分布，同泥盆纪和二叠纪相比，干旱面积较小，干旱气候同蒸发岩类沉积的分布相适应，例如亚洲早石炭世从哈萨克斯坦南部经天山延伸至南天山和塔里木，哈萨克斯坦向东到西伯利亚干

第七章 地质年代拓展知识

旱气候则一直延续到中石炭世。南半球的冈瓦纳大陆在石炭纪时高出海面，从石炭纪中晚期开始气候变冷，冰川活动一直持续到早二叠世，冰期和间冰期沉积在南美、南非、印度和澳大利亚都有广泛的分布，在南非南部冰川呈放射状方向流动。而在北半球，仅西伯利亚东部可能为寒冷干燥气候。

石炭纪时陆地海岸和沼泽地区气候温暖潮湿，形成了重要的煤矿，如中国华南早石炭世晚期的测水组（湖南）、梓山组（江西）、叶家塘组（浙江）均含可采煤层。东北、华北和西北的上石炭统，含有重要的煤系。大陆上经过长期剥蚀的地区往往形成铝土矿和耐火粘土，中国华北石炭系就含有 G 层铝土矿和山西式铁矿，贵州清镇一带下石炭统顶部亦含大型铝土矿，北美晚石炭世

侏罗纪时代——恐龙　167

则蕴藏有油页岩和石油，中国石炭系也是油气勘探的重要层位。石炭纪碳酸盐岩沉积分布广泛，如中国新疆、甘肃、宁夏中部碳系均含有石膏及蒸发名矿床，现在世界各地都开采石灰岩和白云岩作为石灰和水泥的原料。

在泥盆纪，中北美地块和北欧－俄罗斯地块结合到一起。这块大陆与后来的冈瓦纳超大陆的其他部分（今天的非洲、南美洲、南极洲、澳大利亚和印度）之间是由不同的地形组成的海洋。在上泥盆纪，这些地区与北美－北欧－俄罗斯组成的大陆已开始有接触了。

至距今3亿年前，一场闪电引发了全球性的大火灾，巨型昆虫全部灭绝，两栖动物大量灭绝，很高的蕨类植物也纷纷死亡。事后，大气含氧量降低，气候干燥，只有爬行动物进化了。到了二叠纪，地球就进入了爬行动物时代。

第七章 地质年代拓展知识

二叠纪

二叠纪是古生代的最后一个纪，也是重要的成煤期。二叠纪分为早二叠世、中二叠世和晚二叠世。二叠纪开始于距今约 2.9 亿年前，延至 2.5 亿年前，共延续约 4500 万年。二叠纪的地壳运动比较活跃，古板块间的相对运动加剧，世界范围内的许多地槽封闭并陆续形成褶

皱山系，古板块间逐渐拼接形成联合古大陆（泛大陆）。陆地面积的进一步扩大，海洋范围的缩小，自然地理环境的变化，促进了生物界的重要演化，也预示了生物发展史上一个新时期的到来。

二叠纪是古生代的最后一个纪，也是地球生物圈发生重大变革、更替的时期。在二叠纪晚期，全球

科普知识博览
Ke Pu Zhi Shi Bo Lan

成了一场地史上最严重的生物危机,研究资料表明:陆生生物大约70%的科未能摆脱灭绝的命运;海洋中则至少有90%以上的物种在这一时期消失,导致古生代海洋中由海百合—腕足动物—苔藓虫组成的表生、固着生物群落迅速退出历史舞台,为中生代由现代软体动物—甲壳动物—硬骨鱼构成的内生、移动生物群落的崛起创造了条件。这次灭绝事件对鱼类的影响相对较小,软骨鱼中发生了地质历史上规模最大、影响最为深远的生物集群灭绝事件,繁盛于古生代早期的三叶虫、四射珊瑚、横板珊瑚、蜓类有孔虫以及海百合等全部绝灭,腕足动物、菊石、棘皮动物、苔藓虫等也遭受了严重的打击。

二叠纪晚期的生物灭绝事件造

第七章 地质年代拓展知识

的肋刺鲨类此时继续发展，旋齿鲨和异齿鲨都是其中的著名代表。二叠纪时，两栖动物大量繁荣，常见的如迷齿类的蝾螈；爬行动物继续发展，代表分子有中龙等；哺乳动物的先驱——温血爬行动物兽孔类开始发展。植物的面貌在二叠纪晚期也发生了重要变革，出现了繁荣于中生代的裸子植物如松柏类和银杏类。我国二叠纪植物群以大羽羊齿植物群为特征，称为"华夏植物群"。二叠纪的植物景观特点说明古生代的植物已趋衰退，逐渐过渡为另具一格的中生代植物。早

二叠世的植物界以节蕨、石松、真蕨、种子蕨类为主，晚二叠世又出现了银杏、苏铁、本内苏铁、松柏类等裸子植物，开始呈现中生带的面貌。

早二叠世的生物礁主要分布于泛大陆的北缘陆棚、乌拉尔山脉的前陆盆地以及哈萨克斯坦近里海盆地，而晚期的礁主要出现于阿丁斯克期，为Shamovella和苔藓虫组成的礁。中二叠世栖霞期的生物礁是由苔

侏罗纪时代——恐龙

藓虫、海绵和Shamovella组成，全球分布十分有限，且研究程度较薄弱。北美瓜达鲁普山脉的卡皮坦礁是世界上最典型的礁，被视为礁的模式。茅口期的礁在世界上广泛分布，它以海绵–古石孔藻的大量出现为特征。以珊瑚为骨架的生物礁则仅见于阿曼和日本的北上山地。晚二叠世吴家坪期的礁以西欧镁灰岩统盆地的礁为代表，这些礁的类型简单，由叠层石或苔藓虫组成；长兴期的礁以中国南方最为典型，类型多样，生物十分丰富，以海绵、珊瑚为主要造礁生物。

总的来说，除了Palaeoaplysina以外，二叠纪生物礁基本上分布在南北纬30°之间，因此它们代表的是温暖气候条件下发育成长的礁，与现代珊瑚礁的分布十分相似，二者具有相似的生态条件。

第七章 地质年代拓展知识

裸子植物

　　裸子植物是种子植物中较低级的一类，具有颈卵器，既属颈卵器植物，又是能产生种子的种子植物。它们的胚珠外面没有子房壁包被，不形成果皮，种子是裸露的，故称裸子植物。

　　裸子植物出现于古生代，中生代时最为繁盛，后来由于地史的变化而逐渐衰退。裸子植物中有很多为重要林木，尤其在北半球，大的森林80％以上是裸子植物，如落叶松、冷杉、华山松、云杉等。

　　裸子植物是原始的种子植物，其发生发展历史悠久。最初的裸子植物出现在古生代，中生代至新生代时是遍布各大陆的主要植物。现代生存的裸子植物有不少种类是出现于第三纪，后又经过冰川时期而保留下来，并繁衍至今的。据统计，目前全世界生存的裸子植物约有850种，隶属于79属和15科，其种数虽仅为被子植物种数的0.36％，但却分布于世界各地，特别是在北半球的寒温带和亚热带的中山至高山带，常组成大面积的各类针叶林。

侏罗纪时代——恐龙

第三纪

第三纪是新生代最老的一个纪,始于距今约6500万年前,延至距今180万年前,大约延续了6300万年。

第三纪的重要生物类别是被子植物、哺乳动物、鸟类、真骨鱼类、双壳类、腹足类、有孔虫等,这与中生代的生物界面貌迥异,标志着"现代生物时代"的来临。

第三纪时被子植物极度繁盛,除松柏类尚占重要地位外,其余的裸子植物均趋衰退,蕨类植物也大

大减少且分布多限于温暖地区。第三纪的植物有明显的分区现象,地层中还有许多微体水生藻类化石。

这一时期脊椎动物的变化主要表现为爬行动物的衰亡,和哺乳类、鸟类和真骨鱼类的兴起和高度繁盛。第三纪的早期,仍生活着古老、原始的哺乳动物;到了中期,现代哺

第七章 地质年代拓展知识

乳动物的祖先先后出现，逐渐代替了古老、原始的哺乳动物；晚期，现代哺乳动物群逐渐形成，偶蹄类和长鼻类开始繁盛，尤其是马的进化很快。

中生代末，海生无脊椎动物有明显的兴衰现象，盛极一时的菊石类完全绝灭，箭石类极度衰退，而双壳类、腹足类、有孔虫、六射珊瑚、海胆、苔藓虫等则进一步繁盛。第三纪出现的有孔虫分布广泛、进化迅速，对于海相第三系的划分与对比很有意义。原生动物中的放射虫在第三纪也十分繁盛，在深海研究中占有突出地位。此外，双壳类在第三纪有很大发展，腹足类在第三纪进入极盛期；陆生的无脊椎动物以双壳类、腹足类、介形类为主，可以根据它们在不同时期组合面貌的变化来进行陆相第三系的划分。

第三纪名称的由来

第三纪名称的意思是"第三个衍生期"，这是延用19世纪对地层划分为四个大时期的分类命名。

1833年，英国C.莱伊尔在研

侏罗纪时代——恐龙

究法国巴黎盆地软体动物化石时发现，地层越新，软体动物与现代种属相同的越多。他根据地层中含有现代种属的百分比，将第三纪划分为始新世、中新世和上新世。1854年，E.贝利希在德国发现了早于中新世的沉积物，并提出渐新世的观点；1853年，M.赫奈斯依生物群和沉积物的相似性，将中新世和上新世合称为晚第三纪；1866年，K.F.瑙曼则把渐新世和始新世合称为早第三纪。1874年，W.P.夏姆珀对巴黎盆地发现的植物化石进行研究后认为，这些化石的层位早于始新世，应称之为古新世。第三纪划分为早第三纪和晚第三纪。早第三纪包括古新世、始新世和渐新世，晚第三纪包括中新世和上新世。早、晚第三纪的分界线约在2330万年前。这5个持续且时间不等的世的名称是根据现代海洋无脊椎生物种属在第三纪化石中占的比例命名的。因此，根据提出这个系统的查尔斯·莱尔爵士的意见，始新世（意思是"现代的拂晓"）有比更新世（译为更为现代）较少的现代物种。

第三纪地层构造

这一时期形成的地层称第三系，位于中生界之上、第四系之下。

第三纪岩石大都由固结不紧实的非海相和海相沉积物组成，其中有些含很多化石。第三纪主要的岩

第七章 地质年代拓展知识

石划分最早是在欧洲建立的，那里第三纪岩石有广泛的分布，易于研究和分类。在一些构造舒缓的盆地，如伦敦盆地、巴黎盆地与维也纳盆地中第三纪有最好的发育。意大利、法国南部、比利时、荷兰与德国也有很著名的第三纪沉积。非洲北部有海相第三系岩石，而在南美洲南部则有广泛分布的第三纪沉积。

在新西兰和东印度群岛，第三系以海相、非海相和火山岩的组合为特征，而在澳大利亚则有广泛的火山活动的证据。

在北美洲，第三纪岩石在从下加利福尼亚到阿拉斯加的太平洋沿岸的窄带中出现。它们多数是海相

成因的，这些岩层很厚而且有着强烈的断裂与褶皱。在大西洋沿岸带平原，第三纪岩石的露头从新泽西州延伸到佛罗里达，并沿墨西哥沿岸平原继续延伸到墨西哥。

第三纪岩石既有海相的，也有非海相的，而在德克萨斯州和路易斯安那州的沿岸平原有特别

侏罗纪时代——恐龙

大的厚度。有些地方,地层被圆柱状盐颈刺穿,它们使岩石向上拱起形成盐丘,而盐丘可以与石油和天然气相伴生。在北美大陆内部,南从德克萨斯州以北的俄克拉荷马州到加拿大的阿尔伯达大平原区中,在从新墨西哥州到萨斯喀彻温省的落基山区,以及爱达荷南部、俄勒冈东部和内华达州的大盆地区,存在着非海相沉积。这些地层与南达科他州的巴德兰兹、犹他州的布赖斯谷国家公园的优美景色有成因关系。它们也是许多猛犸象化石的来源,并揭示了第三纪生物性质的许多情况。

第三纪火山和地壳运动

北美洲西部有相当多的第三纪火山活动的证据。熔岩、火山灰和其他类型的火成岩覆盖了78万平方千米以上的面积,并出现有象沙斯塔山和胡德山之类的火山峰。拉森峰和雷尼尔山也是这种火山作用的产物。俄勒冈州、华盛顿州、爱达荷州和内华达州的哥伦比亚河与斯

内克河流域地区,巨大的熔岩高原是由无数彼此叠覆的熔岩构成的,覆盖了 52 万平方千米的面积,厚达数百米。从第三纪中期(中新世)开始,地球上许多地区发生地壳运动并逐渐加强,持续到第三纪末。喀斯喀特造山运动是隆起作用达到顶峰的时期,它是导致亚洲的喜马拉雅山、欧洲的阿尔卑斯山、加利福尼亚和俄勒冈的海岸山脉以及华盛顿州和俄勒冈州的卡斯卡德山脉抬升的一期造山运动。

第三纪气候条件

第三纪的气候与现在相比,更为温暖、湿润而且较少变化。在第三纪早期,热带和亚热带气候远远延及加拿大北部边界,在稍后的时期内大平原地区则呈现出干旱境况。趋近第三纪末,气候逐渐变冷,预示着更新世最早的冰期即将来临。

在第三纪,中欧、北非和北美东部墨西哥湾沿岸属于热带气候,

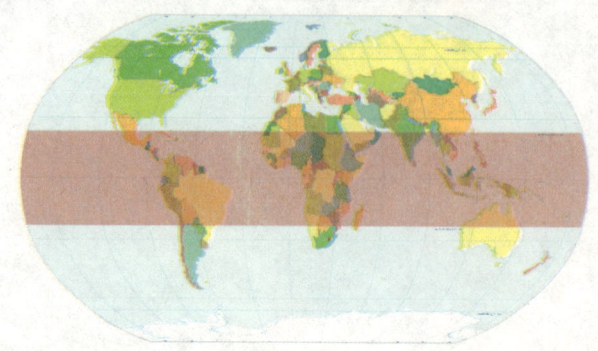

和南美南部，属于温凉潮湿气候带。

第三纪的生物遗存

而北非、西亚、中亚和中国华南大部地区，则属于干燥气候带；东北亚、西西伯利亚、中欧、北美西北部、中国东北地区以及澳大利亚东南部

由于第三纪生物很像第四纪时期，这两个纪的植物和动物都在新生代的条目下阐述。南美洲、东印度群岛、中东、苏联、加利福尼亚和路易斯安那州与得克萨斯州的墨西哥湾沿岸地区都出产

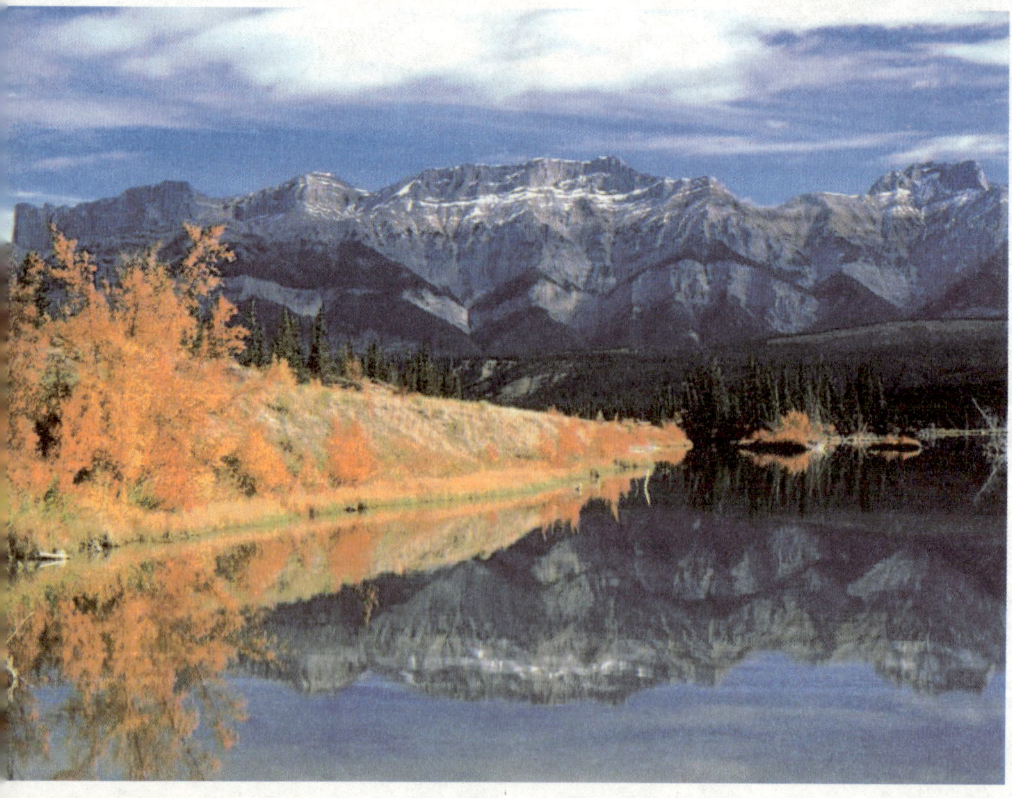

第七章 地质年代拓展知识

大量的石油。墨西哥湾沿岸平原的盐丘产出岩盐,也出产石油。在蒙大拿州、怀俄明州、俄勒冈州及华盛顿州都有在第三系中采煤的矿山。第三纪早期(始新世)的绿河组是油页岩的重要来源,美国的落基山地区、墨西哥、秘鲁、玻利维亚在第三系地层开采铜、金和银矿床。在马里兰州、弗吉尼亚州和加利福尼亚州第三系地层中产出硅藻土。

第三纪哺乳动物的繁盛时期

古新世(6500万年前):除恐龙外,一些在白垩纪集群灭绝中幸存下来的爬行动物类群仍继续生活下去,哺乳动物和鸟类保留一定的古老特色,并进一步发展,在哺乳动物中出现早期的马、大象和熊类。

始新世(5300万年前):草本(科)植物出现并与豆科植物、菊科植物一起继续繁荣。古老动物群逐渐被现代动物群的祖先替代,在4000万年前,开始出现草食性动物和猴子,部分哺乳动物类群(鲸鱼、海豚)重返海洋生活。

渐新世(3600万年前):最早的猿类出现,大型哺乳动物和鸟类在地球上广泛分布,如犀类中出现古今陆上最大的哺乳类动物巨犀。

中新世(2300万年前):灵长类在中新世占有重要地位,如森林古猿分布较广,到中新世末,类人猿与大型猿类分开演化,类人猿辐射演化并达到演化的顶点,出现西瓦古猿(具有现生猿类和人类特征的类人猿)。

上新世(500万年前):出现最早的人类——南方古猿。

侏罗纪时代——恐龙　181

第四纪

第四纪是地球历史的最新阶段,新生代最后一个纪。这一时期形成的地层称第四系。

从第四纪开始,全球气候出现了明显的冰期和间冰期交替的模式。第四纪生物界的面貌已很接近于现代。哺乳动物的进化在此阶段最为明显,而人类的出现与进化则更是第四纪最重要的事件之一。

哺乳动物在第四纪期间的进化主要表现在属种而不是大的类别更新上。第四纪前一阶段——更新世早期哺乳类仍以偶蹄类、长鼻类与新食肉类等的繁

➡ 侏罗纪时代——恐龙

盛、发展为特征,与第三纪的区别在于出现了真象、真马、真牛。更新世晚期哺乳动物的一些类别和不少属种相继衰亡或灭绝。到了第四纪的后一阶段——全新世,哺乳动物的面貌已和现代基本一致。

大量的化石资料证明人类是由古猿进化而来的。古猿与最早的人之间的根本区别在于人能制造工具,特别是制造石器。从制造工具开始的劳动使人类根本区别于其它一切动物,劳动创造了人类。人类的另一个主要特点是直立行走。从古猿开始向人的方向发展的时间,一般认为至少在1000万年以前。

第四纪的海生无脊椎动物仍以双壳类、腹足类、小型有孔虫、六射珊瑚等占主要地位。陆生无脊椎动物仍以双壳类、腹足类、介形类为主。其他脊椎动物中真骨鱼类和鸟类继续繁盛,两栖类和爬行类变化不大。

高等陆生植物的面貌在第四纪中期以后已与现代基本一致。由于冰期和间冰期的交替变化,逐渐形

侏罗纪时代——恐龙　　183

成今天的寒带、温带、亚热带和热带植物群。微体和超微的浮游钙藻对海相地层的划分与对比仍十分重要。第四纪包括更新世和全新世，相应地层称更新统和全新统。第四纪下限的确定，意见分歧较大。1948年第十八届国际地质大会确定，以真马、真牛、真象的出现作为划分更新世的标志。陆相地层以意大利北部维拉弗朗层，海相以意大利南部的卡拉布里层的底界作为更新世的开始。中国以相当于维拉弗朗层的泥河湾层作为早更新世的标准地层。其后，应用钾氢法测定了法国和非洲相当于维拉弗朗层的地层底界年龄约为180万年。因此，许多学者认为第四纪下限应为距今180万年。1977年国际第四纪会议建议，以意大利的弗利卡剖面作为上新世与更新世的分界，其地质年龄约为170万年。对中国黄土的研究表明，约248万年前黄土开始沉积，反映了气候和地质环境的明显变化，认为第四纪约开始于248万年前。还有学者认为，第四纪下限应定为330~350万年前。

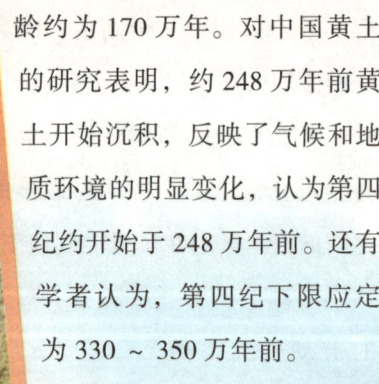